반려견의 진짜 속마음

SHIGUSA TO HYOJO DE SUBETE GA WAKARU!
INU NO HONTO NO KIMOCHI

ⓒ Noriko Nakanishi 2017
Originally published in Japan by Shufunotomo Co., Ltd.
Translation rights arranged with Shufunotomo Co., Ltd.
Through Eric Yang Agency, Inc.

강아지의 몸짓 언어와
표정으로 알 수 있는 카밍 시그널

반려견의
진짜 속마음

나카니시 노리코 지음 · 태주호 감수 · 정영희 옮김

RHK
알에이치코리아

"우리 집 강아지는 지금 이런 기분이에요."

혹시 자신의 반려견에 대해 이런 말을 한 적이 있지 않나요?

보호자의 말을 듣고 강아지를 관찰하다 보면 오히려 정반대인 경우가 많아서 놀라고는 합니다. 즉 보호자의 확신이 실제 강아지의 속마음과 다를 수 있다는 이야기이지요.

흔한 예를 하나 들어 볼까요? '최근 내가 바빠져서 우리 집 강아지가 토라졌다'고 하는 보호자를 종종 만나게 됩니다. 토라진다는 감정은 무척이나 고등한 감정입니다. 그러나 개의 감정은 그 정도로 고등하거나 복잡하지 않습니다. 자신의 감정을 반려견에게 지나치게 이입하거나 의인화하다 보면 개의 감정을 있는 그대로 받아들이지 못하게 됩니다. 보호자는 반려견과의 관계가 돈독해지길 바라지만, 사실은 이런 오해들로 그 기회를 놓치고 있는지도 모르지요.

좋은 관계를 유지하기 위해 가장 중요한 것은 무엇일까요? 그것은 바로 상대를 있는 그대로 받아들이는 일입니다. 영화 〈늑대와 함께 춤을〉

의 실제 모델인 아메리카 인디언 라코타 족의 가르침이기도 합니다. 반려동물과 좋은 관계를 유지하기 위해서도 마찬가지입니다. 상대를 진정으로 받아들이기 위해서는 우선 상대방을 자세히 관찰해야 합니다. 만약 당신의 친구가 무척이나 괴로운 얼굴을 하고 있고, 당신이 "괜찮아?"라고 말을 걸었다고 합시다. 친구는 당신에게 걱정을 끼치기 싫다는 마음에 '괜찮다'고 대답할 수도 있습니다. 하지만 그 표정이나 목소리는 전혀 괜찮아 보이지가 않습니다. 말로는 '괜찮다'고 하면서도 친구는 당신에게 SOS 신호를 보내고 있었던 겁니다. 그 SOS 신호를 제대로 받아들이는 것. 그것이 바로 상대방과 좋은 관계를 유지하기 위해 필요한 자질입니다.

물론 개는 사람과는 다르기 때문에 당신의 마음을 헤아려 강한 척 자신의 감정을 숨기지는 않습니다. 그들을 제대로 받아들이고 싶다면 그들이 보내는 순수한 메시지를 있는 그대로 이해하고 교감할 수 있어야 합니다. 개와 개는 말이 아니라 몸짓 언어로 의사소통을 합니다. 그리고 개는 그 몸짓 언어를 사람에게도 사용합니다. 그들의 몸짓 언어를 제대로 파악하고 개의 속마음을 올바로 이해한다면 사람과 개는 보다 좋은 관계를 유지할 수 있게 됩니다.

《반려견의 진짜 속마음》에서는 흔히 볼 수 있는 개의 몸짓 언어에 대해 그들의 마음이 되어 설명하고자 노력했습니다. 물론 이것이 절대적이지는 않지만, 개의 행동학에 대한 지식, 지난 15년간 2000마리 이상의 개를 접하며 그들의 문제 행동과 함께해온 경험, 그리고 그 속에서 배양된 관찰력을 최대한 활용했습니다. 보호자가 자신의 반려견을 제대로 이해할 수 있게 되기를, 그리하여 보다 좋은 관계를 쌓아나가기를, 보호자와 반려견의 행복한 삶에 도움이 되기를 마음으로부터 기원합니다.

도기 라보 대표
나카니시 노리코

contents

2장
신체 부위별
몸짓 언어로
알 수 있는 속마음

3장

조심해야 할 반려견의 질병과 홈케어

4장

반려견과 좀 더 좋은 관계 맺기

알아둬야 할 반려견 언어
카밍 시그널

놀자

카밍 시그널이란?

개는 몸짓 언어를 이용해 자신의 의사를 표현합니다. 카밍 시그널이란 노르웨이의 반려견 전문가 투리드 루가스에 의해 제창된 개념으로, '캄calm'은 '차분하게 만들다', '진정시키다'라는 뜻을 지닌 단어입니다. 개는 '진정해', '공격하지 마', '무서워', '같이 놀자' 등과 같은 의사를 상대방에게 표현하기 위해 귀와 입, 꼬리 등을 이용한 알기 쉬운 신호를 상대방에게 전달합니다. 여기서는 우선 대표적인 카밍 시그널에 대해 소개하고자 합니다. 그리고 1장, 2장을 통해서 개가 어떤 상황에서 어떤 식으로 자신의 의사를 상대방에게 표현하는지 살펴보도록 합시다.

오지 마!

빤히 본다

개가 시선을 고정하고 빤히 보는 것은 지금의
상황을 살피고 있다는 의미입니다. 이때 상대방
과 어떤 커뮤니케이션을 나누느냐에 따라 싸움
으로 번지는 경우도 있습니다. 산책 중 만난 다
른 개에게 시선을 고정하고 귀를 바짝 세운 채
몸 전체에 긴장감이 흐른다면 조심해야 합니다.
으르렁거릴 것 같다면 상대에게 눈길을 떼게 만
들고 바로 그 자리를 뜨는 게 좋습니다.

같이 놀자!

몸을 숙인다

앞다리와 상반신을 낮춰 절하는 자세를 취하는
것은 '사이좋게 지내고 싶다', '함께 놀고 싶다'는
의미입니다. 도무지 가만히 있지 못하고 눈빛도
반짝반짝 빛이 납니다. 놀고 싶어서 어쩔 줄 몰
라 할 때 이런 행동을 합니다.

적대감은 없어요

눈을 피한다

상대방과 눈이 마주치자마자 얼굴을 돌려 눈길
을 피하는 행동은 '긴장하지 마', '적대감은 없
어', '공격하지 마'라는 의미의 신호입니다. 이름
을 부르고 눈을 마주치려 하는데 반려견이 이런
행동을 한다면 반려견을 대하는 자신의 방식이
다소 거칠지는 않은지, 지나치게 힘이 들어가
있는 건 아닌지 살펴볼 필요가 있습니다.

괜찮아. 진정하자

혀로 입 주변을 핥는다

개는 보호자에게 혼이 나거나 불안할 때, 갑작
스레 불쾌한 일이 생겼을 때, 자기 코와 입 주변
을 핥습니다. 스트레스를 받고 있다는 사인이
지요. 이런 행동을 보일 때에는 반려견의 긴장
감을 풀어주는 게 좋습니다. 한편 같은 행동이
지만 전혀 다른 의미일 때도 있
습니다. 식사 후 입 주변에
남아 있는 맛을 음미하
고 싶을 때도 같은 행동
을 하기 때문입니다.

진정하자

몸을 부르르 턴다

개는 목욕 후 물기를 날리기 위해 몸을 텁니다.
그런데 물에 젖지 않았으면서도 같은 행동을 할
때가 있습니다. 뭔가 싫거나 긴장을 하는 등 스
트레스 상황에 처하게 됐을 때 개는 몸을 털면
서 그 감정을 해소하고자 합니다. 안고 있던 개
를 땅에 내려놨을 때 이런 동작을 하는 경우도
있습니다.

아, 싫다

싫어

하품을 한다

말썽을 부려 혼이 나는 와중에 크게 하품을 하
기도 합니다. 그러나 그런 개를 두고 '혼나는 주
제에 태도가 불성실하다'며 화를 내서는 안 됩
니다. 개는 사람과 다르기 때문입니다. 개는 스
트레스 상황에 처해졌을 때 하품을 합니다. 이
런 상황이 싫고 불편하다는 신호입니다. 보호
자의 말을 무시해서가 아니라, 하품이라는 카밍
시그널을 통해 자신의 긴장감을 해소하고 싶은
것이지요.

뭔가 긴장되네

킁킁 냄새를 맡는다

뭐지? 뭘까?

개에게 냄새는 중요한 정보원입니다. 낯선 곳에 가면 부지런히 냄새를 맡으며 정보를 수집합니다. 이런 행위를 통해 개는 그곳이 어떤 곳인지 파악해냅니다. 그리고 이런 과정을 통해 자신의 감정을 차분하게 컨트롤합니다. 냄새 맡기란 개에게 긴장감을 풀기 위한 행동이기도 합니다.

뭐지? 뭘까? 별거 아냐. 안심하자.

몸을 엎드린다

좋아

개가 엎드린 자세를 취한다면 주변에 있는 상대를 어느 정도 신뢰하고 마음을 열었다는 의미입니다. 상황에 따라서는 복종을 표현하는 경우도 있지요. 그러나 대부분의 경우 단순히 엎드리고 싶거나, 피곤하거나, 놀이에 참가할 마음이 없거나, 상대에게 관심이 없는 등 대상과 약간 떨어진 위치에서 상황을 관찰하고 싶다는 신호일 때가 많습니다.

아, 피곤해

1장

상황별
행동으로
알 수 있는 속마음

갑자기 멈춰 서서 버틴다

싫다고!

무섭다. 혹은 원하는 다른 것이 생겼다

산책 중 갑자기 걸음을 멈추고 버틴다면 뭔가에 겁을 먹었을 가능성이 크다.
'그쪽으로 가기 싫어', '냄새를 맡고 싶어' 등 자신의 요구 사항을 주장할 때도 걸음을 멈추고 버틴다.

싫어! 걷는 거 싫다고!

산책 중 갑자기 걸음을 멈추고 버틴다면 일단 꼬리와 귀 모양을 체크합니다. 꼬리를 가랑이 사이에 말아 넣고 있다면 두려움을 느끼고 있다는 사인입니다. 귀를 뒤로 젖히고 있는 것도 불안과 두려움의 몸짓입니다. 이런 몸짓 언어를 통해 개는 '무서워', '바깥은 불편해. 집에 돌아가자'는 자신의 속마음을 전달하고 있는 것이지요. 이런 사인 없이 갑자기 버틴다면 '걷기 싫어. 안아 줘' 같은 요구를 표현하는 것일 수도 있습니다.

걷지 않거나 산책을 싫어하는 반려견은 어떻게 해야 할까?

강아지 때의 사회화 과정(사람, 개, 자동차 등 살면서 연관되는 다양한 자극에 익숙해지는 과정)이 부족하면 집 밖의 다양한 것들에 두려움을 느끼게 됩니다. 경우에 따라서는 산책을 싫어하는 개가 될 수도 있습니다. 산책 도중 겁을 먹고 버틴다면 어떻게 해야 할까요? 일단은 조금 떨어진 거리에서 반려견의 이름을 부르며 스스로 다가오도록 유도합니다. 그리고 가까이 오면 충분히 칭찬해줍니다. 이런 방법을 반복하며 바깥 환경에 적응시켜주는 과정이 필요합니다. 걷게 만들겠다는 의도로 간식을 지나치게 사용하면 간식을 얻기 위해 일부러 멈출 수도 있으니 주의해야 합니다. 하지만 오토바이 등 반려견이 두려워하는 대상을 만난 경우에는 간식으로 주의를 분산시켜주는 게 좋습니다.

Point

꼬리 모양으로 감정, 두려움 등의 상태를 체크!	꼬리 상태로 반려견이 느끼고 있을 공포나 불안감을 체크할 수 있습니다. 가랑이 사이에 꼬리를 말아 넣고 있다면 공포나 두려움을 느끼고 있다는 사인입니다. 이럴 때에는 부드럽게 쓰다듬으며 긴장감을 풀어주는 게 좋습니다.
산책의 주도권은 보호자? 반려견?	'안아 줘'라는 요구, '목줄이 당겨지는 게 싫어'라는 불쾌감 때문에 걷지 않고 버티는 경우도 있습니다. 보호자는 반려견이 왜 걷는 것을 거부하는지 자세히 관찰해 그 원인을 충분히 파악해야 합니다. 그리고 그 원인 속에 불쾌감이나 불안함이 있다면 적절한 대처로 반려견을 안심시켜줄 필요가 있습니다. 주저앉아 버틴다고 목줄을 잡아당기면 더 완강하게 버티는 습관이 들 수 있습니다.

끊임없이 냄새를 맡는다

크크. 오!

신경 쓰이는 냄새가 있어서 확인하고 있다

개에게 냄새 맡기란 본능을 충족시켜주는 행위로 개의 기분을 즐겁게 해주는 행동이다.
먹을 게 떨어져 있을지도 모른다는 기대감도 갖게 해준다.

**이럴 때,
이런
속마음**

냄새 맡기는 즐거워~

산책 중 반려견이 길 주변의 냄새 맡기에 열중하는 까닭은 뭔가 흥미로운 냄새를
발견하고 그에 대한 정보를 얻고 싶기 때문입니다. 특히 풀숲에는 다양한 냄새가
모여 있기 때문에 개의 본능이 자극되어 기분까지 고양됩니다. 귀를 세운 채 꼬
리를 약간 치켜 올리거나 가볍게 흔드는 것은 두근대는 심정을 잘 보여주고 있는
사인입니다. 호기심이 왕성한 개일수록 냄새 맡기에 더 열중합니다.

냄새를 맡게 해도 되는 곳, 그렇지 않는 곳

개는 냄새를 통해 다양한 정보를 수집합니다. 냄새 맡기란 개의 본능적인 행동이지만 산책 중 만나는 상황에 따라 제지해줄 필요도 있습니다. 농지나 밭 주변 등 농약 살포의 가능성이 있는 곳에서는 냄새를 맡지 못하게 하는 것이 좋습니다. 공터 등의 풀숲에도 제초제를 뿌리는 경우가 있으므로 반려견이 부주의하게 코를 대거나 핥지 못하도록 산책줄로 컨트롤해줄 필요가 있습니다. 또한 개는 냄새를 맡은 후 마킹(오줌 누기)을 하는 습성이 있으므로, 마킹을 해서는 안 되는 곳이라면 냄새를 맡지 못하게 조절해줄 필요가 있습니다.

Point

마킹을 못하게
하려면

냄새 맡기는 마킹 행위와 연결됩니다. 때문에 마킹을 못하게 하려면 냄새를 맡지 못하게 하는 것이 선행되어야 합니다. 지면이나 대상물에 코를 가까이 대지 못하게 산책줄로 유도하고, 냄새를 맡으려 할 때마다 반려견의 이름을 불러 주의를 환기시켜줍니다. 냄새를 맡지 못하도록 머리를 들어 올려주는 것이 포인트입니다.

이곳저곳 냄새를
맡는다

여기저기 어수선하게 냄새를 맡아대는 모습이 어딘가 불안해 보인다면 꼬리의 상태부터 확인합니다. 꼬리가 처져 있거나 가랑이 사이에 말아 넣고 있다면 무언가에 불안해하고 있다는 신호입니다. '뭔가 느낌이 나빠', '어딘가 불안해' 같은 기분이라고 할 수 있지요. 여러 냄새 속에서 정보를 취합해 그곳의 안전 여부를 확인하고자 하는 행동입니다.

다른 개와 만나도 모른 척한다

관심도 없고, 관심을 받고 싶지도 않다

흥미와 관심도가 낮으며 대체로 평온한 상태. 다른 개의 존재를 눈치챘으나
딱히 뭔가를 해야겠다는 생각은 없는 상태다.

**이럴 때,
이런
속마음**

굳이 친해질 마음 없거든요

다른 개가 다가오는데도 별다른 반응이 없을 때가 있습니다. 걷는 속도에 변화가
없고, 다가갈 기미도 없고, 경계심이나 두려움을 드러내지도 않고, 귀와 꼬리 모
양도 평상시와 같다면 단순히 상대 개에게 흥미와 관심이 없다는 의미입니다. 상
대 개에게 별다른 관심이 없으니 냄새를 맡으며 인사를 해야겠다는 생각도 없는
상태입니다. 특정의 개에게만 유독 그렇다면 그 개와 친해질 마음이 전혀 없다는
표현으로 이해해도 됩니다.

억지로 데려가 인사시키지 말자

반려견이 다른 개에게 무관심하다면 어딘가 살짝 아쉽다는 생각이 들기도 합니다. 하지만 다른 개에게 흥미가 없다는 것이 특별히 잘못된 일은 아닙니다. 다른 개보다 사람과 어울려 노는 것을 더 즐기는 경우도 많기 때문입니다.

산책을 하다 보면 다른 개나 사람들이 인사를 하고 싶어 다가오는 경우가 많습니다. 이럴 때는 반려견이 낯선 개와 사람에게 경계심이 많다는 사실을 알리고 부드럽게 거절할 필요가 있습니다. 특히나 성견일 경우, 인사를 시키겠다고 억지로 데려가서는 안 됩니다. 상대 개나 사람을 공격할 수도 있고 보호자와의 신뢰 관계가 무너지는 계기가 될 수도 있기 때문입니다.

Point

기가 센 개와 우연히 마주치면 주의할 것	산책 중, 꼬리를 빳빳하게 세우고 머리를 쳐들고 이쪽을 빤히 보며 당당하게 걷는 개와 마주친다면 주의하는 게 좋습니다. 스스로에게 자신감이 강한 자기중심적인 타입으로, 상대 개의 반응에 상관없이 일방적으로 냄새를 맡으려 하기 때문에 싸움이 날 가능성이 큽니다. 다가오기 전에 그 자리를 피하는 게 좋습니다.
친구가 없어도 괜찮아	다른 개와의 관계를 불편해하는 개도 있습니다. 물론 개들끼리 만나 사이좋게 노는 모습이 흐뭇하기는 하지만 꼭 그래야만 하는 건 아닙니다. 다른 개와 만났을 때 귀를 뒤로 눕히고 꼬리를 말아 넣는다면 상대에게 겁을 먹었다거나 불편하다는 의미입니다. 특히 성견이 된 이후, 억지로 다른 개에게 데려가려는 행동은 금물입니다. 무리를 해서까지 친구를 만들 필요는 없습니다. 개는 보호자만 있다면 충분히 행복하기 때문입니다.

다른 개의 냄새를 맡는다

3살, 수컷, 건강해 보이는 친구군

냄새를 맡으며 상대방이 어떤 개인지 정보 수집 중

상대 개에게 흥미가 있고, 상대 개에 대해 알고 싶을 때 보이는 행동.
자신의 냄새를 맡게 해주는 것은 상대방에게 자기를 알리고 싶기 때문이다.

이럴 때, 이런 속마음

안녕! 너에 대해 알고 싶어!

개들 사회에서 인사는 냄새 맡기입니다. 엉덩이, 코, 입, 귀 주변의 냄새를 맡으며 서로에 대한 정보를 교환합니다. 항문 근처의 항문선 냄새만으로도 성별, 연령, 건강 상태, 기분, 성격 등 다양한 정보를 얻을 수 있습니다. 일방적으로 냄새를 맡으려 하기보다는 상대방에게 자기 냄새를 맡게 해주는 개일수록 커뮤니케이션 능력이 뛰어나다고 할 수 있습니다.

26

냄새를 맡게 하기 전에 보호자에게 확인하자

산책 중이던 반려견이 다른 개를 발견하고 흥미를 보이며 다가갈 때가 많지요. 서로 알던 사이라면 문제없지만 처음 만난 개라면 주의할 필요가 있습니다. '우리 개는 사교적이고 착하니까 괜찮다'는 생각에 조심성 없이 다가가서는 안 됩니다. 갑자기 짖는다거나 공격적인 모습을 보여 싸움이 날 수도 있기 때문입니다. 상대 개는 인사할 마음이 전혀 없을 수도 있습니다. 다른 개와의 관계 맺기에 서투른 타입일 수도 있지요. 다가가기 전, 인사를 시켜도 될지 보호자에게 확인부터 하는 것이 좋습니다.

수컷끼리의 인사는 신중하게	수컷은 6개월만 지나도 자신이 강하다는 걸 과시하고자 합니다. 다른 수컷에게 싸움을 걸기도 하지요. 특히 중성화되지 않은 수컷일 경우, 싸움이 커져 크게 다치기도 합니다. 수컷끼리 만났을 때는 좀 더 주의해야 합니다.
인사에 익숙한 개, 익숙하지 않은 개	개의 조상인 늑대 사회에서는 서열이 높은 늑대가 낮은 늑대의 냄새를 먼저 맡는 것이 당연한 일입니다. 그러나 개들 사이에서는 꼭 그렇지만도 않습니다. 상하 관계보다는 그 행위에 익숙한지의 여부, 사교성의 정도에 따라 냄새 맡기의 순서가 달라지는 것으로 파악됩니다. 상대방의 냄새를 맡았다면 자기 냄새도 맡게 해주는 것이 개들 사회에서의 이상적인 인사 방식입니다. 자기 냄새를 맡지 못하게 하는 개는 상대방을 초조하게 만들어 감정을 상하게 하기도 합니다.

다른 개에게 짖거나 으르렁댄다

> 어이, 거기 너!

짖어서 주의를 끈다. 자기 의사를 전달하고자 한다

다른 개에게 자신을 어필하려는 행동.
놀고 싶거나 싸움을 걸고 싶을 때도 있지만 겁을 먹었을 때도 같은 행동을 한다.

**이럴 때,
이런
속마음**

같이 놀까? 한판 붙어 볼까?

다른 개를 보고 짖는다는 것은, 좋은 의미이건 나쁜 의미이건 그 대상에게 흥미가 있다는 것을 의미합니다. 반면 으르렁대는 것은 대체로 상대에게 공격적일 때보이는 행동입니다. 그러므로 기세를 꺾지 않고 계속해서 으르렁댄다면 조심해야 합니다. 갑작스레 달려들어 상대를 공격할 수 있기 때문입니다. 겁을 먹고 으르렁댈 때도 마찬가지입니다. 가까이 다가온 상대에게 방어적인 공격을 할 수도 있습니다.

으르렁댈 때의 속마음을 파악하자

다른 개에게 으르렁대거나 짖을 때, 공격적인 마음인지, 겁을 먹고 두려운 것인지 정확히 확인해야 합니다. 상대에게 시선을 떼지 않고, 꼬리를 치켜들고, 머리를 들어 올려 몸집을 크게 보이려고 한다면 꽤나 공격적인 심리 상태라고 볼 수 있습니다. 꼬리를 내리고, 귀를 젖히고, 낮은 자세를 취하고, 몸을 웅크리고 있다면 겁을 먹은 상태로 볼 수 있지요. 어느 쪽이 됐건, 반려견이 짖고 으르렁댄다고 혼을 내면 오히려 역효과만 납니다. 이럴 경우에는 간식을 활용해 주의를 환기시키고 자극 대상이 별 것 아니라는 생각을 갖게 해주는 게 좋습니다.

Point

산책 중 만난 개에게 짖고 으르렁댄다면?	일단은 다른 개와 마주치자마자 재빨리 간식을 꺼내 반려견의 주의를 집중시킵니다. 그리고 그대로 걸어갑니다. 그러다 상대 개와 스쳐 지나가는 찰나에 간식을 먹게 합니다. 걸음을 멈추지 않고 자연스레 걸어가며 간식을 주는 것이 이 훈련의 포인트입니다. '다른 개와 만난다＝좋은 일이 생긴다'는 기억을 심어주면서 다른 개와의 만남을 긍정적으로 생각하게끔 교정해줍니다.
기뻐서 짖는 경우도 있다	즐거워 보이는 얼굴로 가볍게 짖으며 꼬리를 부드럽게 흔들고 있다면 기분이 좋고 흥분된 상태입니다. '우와! 재밌겠다! 같이 놀자'는 속마음이지요. 엎드린 자세에서 엉덩이를 쳐들고 꼬리를 높게 흔드는 것도 같이 놀자는 행동입니다. 상대방에게 호의적인지 공격적인지에 따라 꼬리의 위치는 물론 흔드는 방식도 완전히 달라집니다. 반려견의 평소 모습을 유심히 관찰해봅시다.

모르는 사람에게 꼬리를 흔든다

우와!
반가워! 안녕!

사람에게 호의를 품고 있다. 만나서 너무 기쁘다

사람에게 붙임성이 좋은 개는 누구를 만나든 기뻐한다.
함께 즐거운 시간을 보낼 수 있다는 기대감도 크다.

**이럴 때,
이런
속마음**

안녕! 만나서 반가워!

사교성이 좋은 개는 모르는 사람을 만나도 연신 꼬리를 흔들어댑니다. 눈이 마주친 것만으로도 기뻐서 어쩔 줄 모르지요. 머리나 등을 만져줄지도 모른다는 기대감에 충만한 상태이기도 합니다. 뒷다리로 선 채 앞발을 사람에게 올리는 까닭은 얼굴 가까이로 자기 몸을 가져가 얼굴을 핥으며 인사하고 싶기 때문입니다. 행복해하는 모습이 귀엽기는 하지만 힘에 밀려 상대방이 넘어질 수도 있으니 조심할 필요가 있습니다.

모르는 사람에게 무턱대고 다가가게 두지 말자

처음 보는 사람에게 꼬리 치는 붙임성 좋은 개도 있지만, 대부분의 개들은 낯선 사람에게 그리 흥미가 없습니다. 기본적으로는 무관심하다고 할 수 있지요. 그러나 처음 보는 사람이더라도 간식을 준다거나 놀아준다는 조건이 붙는다면 이야기가 달라집니다. 물론 처음 만나는 사람에게 꼬리를 흔들어 반기는 정도라면 큰 문제는 없습니다. 하지만 그렇다고 무턱대고 다가가게 해서는 곤란합니다. 상대방이 개를 싫어할 수도 있고, 그럴 경우 문제를 일으킬 가능성이 있기 때문입니다. 또한 자신이 반가움을 표시할 때마다 사람들에게 관심을 받다보면 그렇지 못한 상황을 납득하지 못하고 끊임없이 관심을 요구하는 습관이 들 수도 있습니다.

Point

낯가림이 심할 때에는	사람에 대한 낯가림이 심해 산책마저 쉽지 않은 반려견에게는 간식 작전이 효과적입니다. 산책 중 사람을 만날 때마다 간식을 주며 '사람과 만난다＝좋은 일이 생긴다'는 사실을 각인시켜 줍니다. 이 훈련을 반복하면 사람을 두려워하던 기존 인식을 바꿔줄 수 있습니다.
개의 경계 대상이 되기 쉬운 사람	개가 낯선 이를 보고 짖는 까닭은 무서움이나 불안함, 공포심 같은 심리 때문입니다. 개는 체격이 큰 사람을 두려워합니다. 몸짓이나 손짓 등 동작이 큰 사람도 두려워하지요. 그래서 여성보다 남성을 보고 더 많이 짖는 경향이 있습니다. 또한 모자를 쓴 사람, 지팡이나 우산을 들고 있는 사람 등, 자신과 연관된 사람들의 패턴과 다른 모습을 보이는 사람에게 두려움을 느끼기도 합니다.

자기보다 작은 동물을 향해 짖는다

본능적으로 다른 동물에게 흥미를 느낀다. 그들의 움직임에 반응한다

참견하고 싶어서 들썩들썩. 꽤나 흥분해 있는 상태다.

목줄이 매진 상태라면 쫓아가지 못하는 상황에 조바심을 내기도 한다.

이럴 때,
이런
속마음

찾았다! 어이, 거기!

개가 까치나 비둘기, 고양이 같은 작은 동물을 보고 맹렬히 짖는 것은 사냥 본능
이 자극되어 흥분했기 때문입니다. 개는 재빠르게 움직이는 작은 동물에 흥미를
보이는 습성이 있습니다. 오랜 세월, 자신보다 몸집이 작은 동물을 사냥하며 살아
왔기 때문입니다. 작은 동물을 보고 짖는 것은 '쫓고 싶다'는 본능적인 충동 때문
이며, 사냥하듯 쫓아 포획하고자 하는 행동 역시 본능에 기초한 행동입니다.

작은 동물을 봤다면 간식으로 주의를 분산시키자

까치나 비둘기를 발견하고는 신이 나서 짖으며 집요하게 쫓는 개들. 산책 중 흔히 볼 수 있는 모습이지요. 하지만 갑자기 달려 나간다거나 펄쩍펄쩍 뛰게 두면 주변에 폐가 되므로 목줄을 단단히 쥐고 개의 움직임을 컨트롤해야 합니다. 작은 동물에게 집요하게 반응할 경우, 간식을 활용해 보호자에게 집중하게 합니다. '까치나 비둘기를 발견한다=간식이 생긴다'고 학습시키면 요란하게 쫓는 반응을 교정할 수 있습니다.

Point

사냥 본능을 충족시켜줄 장난감을 이용	'삑' 소리가 나는 장난감은 개를 기분 좋게 만듭니다. 포획물의 비명 소리, 즉 사냥에 성공했을 때 들을 수 있는 소리를 연상시키기 때문입니다. 재빨리 장난감을 던져주는 활동적인 놀이를 통해 사냥 본능을 충족시켜주는 시간을 갖도록 합시다. 단, 너무 흥분하지 않도록 주의해야 합니다.
자동차를 향해 돌진하는 경우	공을 던지면 개는 무작정 그 뒤를 쫓아갑니다. 본능적으로 움직이는 것을 쫓는 습성이 있기 때문입니다. 공이나 고양이 같은 작은 대상부터 자전거, 오토바이, 자동차까지, 개가 반응을 보이는 대상도 다양합니다. 그러나 개는 자동차의 위험성까지는 이해하지 못합니다. 산책 중 갑자기 달려 나가지 못하도록 산책줄을 단단히 잡고 개의 움직임에 충분한 주의를 기울여야 합니다.

다른 개와 쫓고 쫓기며 논다

신난다!

마음이 통하는 개와 뜀박질하며 그 시간을 즐기고 있다

쫓고 쫓기는 뜀박질은 즐거운 놀이다. 얏호! 신나게 달리며 기분 좋은 흥분 상태.
맘껏 뛸 수 있어서 기분도 상쾌하다.

**이럴 때,
이런
속마음**

이리 와! 기다려~!

서로 쫓고 쫓기며 신나게 뛰어다니는 개들. 반려견을 위한 전용 놀이터에서 흔히
볼 수 있는 광경입니다. 개는 움직이는 것에 본능적으로 흥미를 보이는 동물이기
때문에 다른 개가 뛰고 있다면 무조건 쫓고 보는 습성이 있습니다. 다른 개에게
쫓기고 있을 때 꼬리를 쳐든 채 부드럽게 흔들고 있다면 그 놀이를 즐기고 있다
는 사인입니다. '여기야. 여기까지 와봐~!' 이런 속마음이지요. 쫓는 역할과 쫓기
는 역할이 적절히 바뀌고 있다면 둘 사이의 놀이가 잘 진행 중이라는 의미입니다.

반려견 놀이터에 가기 전에 '이리 와 훈련'을 습득하자

다양한 개들과 놀 수 있다는 건 즐거운 일입니다. 그러나 모든 개들과 마음이 맞을 수는 없지요. 다른 개를 귀찮게 쫓아다니는 등 곤란한 상황이 벌어지면 곧바로 반려견을 보호자 쪽으로 불러들일 수 있어야 합니다.

'이리 와 훈련'이란 개의 이름을 불러 주목시킨 뒤 '이리 와'라는 보호자의 지시어에 개가 보호자 곁으로 돌아오게 만드는 훈련입니다. 다른 개와 험악한 분위기가 되었을 때를 대비해서도 꼭 필요한 훈련입니다. 반려견의 안전, 다른 개와의 문제 발생을 막기 위해서도 꼭 필요하므로 반려견 놀이터에 가기 전에 반드시 습득시키도록 합시다.

Point

반려견 놀이터에서 간식 훈련	반려견 놀이터 중에는 자체 규정상 간식이 금지된 곳도 있습니다. 만약 간식을 줘도 되는 곳이라면 간식을 활용해 '이리 와 훈련'을 해보는 것도 좋습니다. 물론 다른 개나 보호자에게 피해를 주지 않도록 조심해야겠지요.
다른 개에게 겁을 먹고 도망치는 경우	다른 개에게 쫓길 때 꼬리가 아래쪽을 향한 채 둥글게 말려 있다면 겁을 먹었다는 사인입니다. 이럴 때에는 반려견을 불러들여 재빨리 안아 올린 후 상대방 개를 피할 수 있게 해줘야 합니다. 또한 반려견 놀이터에서의 시간을 그리 즐거워하지 않는 개도 있습니다. 반려견의 나이와도 밀접한 연관이 있지요. 이럴 경우 놀이터에 데려가는 것 자체를 다시 고려해볼 필요가 있습니다.

목욕이나 미용 중 하품을 한다

싫은데…

싫지만 참아가며 지시에 따르고 있다
긴장감, 불쾌감, 불안감을 느끼고 있는 상태.
하품을 하는 것은 스트레스를 받고 있다는 사인이다.

**이럴 때,
이런
속마음**

싫은데… 그만 했으면 좋겠는데…

하품은 긴장이나 불안, 불쾌한 자극으로 스트레스를 받을 때 보이는 행동입니다.
하품을 통해 자신의 긴장감과 불쾌감을 달래려는 행동이지요. 한편 자신에게 스
트레스를 주는 개나 사람 곁에서 하품을 하는 경우도 있습니다. 이럴 때는 하품
을 통해 상대방의 비위를 맞추거나 상대방의 감정을 진정시키고자 하는 목적이
라고 볼 수 있습니다.

어릴 때부터 목욕에 대한 적응 훈련을 시키자

토이 푸들, 미니어처 슈나우저, 요크셔테리어 등 털 관리가 특히 더 필요한 견종은 강아지 때부터 목욕과 드라이에 적응시켜주는 게 좋습니다. 털을 깎는 등 미용을 할 때 스트레스를 덜 받고 끝낼 수 있기 때문입니다. 반려견의 털 관리에 익숙하지 않다면 처음 얼마 동안은 전문 관리사의 도움을 받는 게 좋습니다. 반려견이 미용에 적응하기까지 솜씨 좋은 전문가에게 맡긴다는 의미에서, 털이 지저분하지 않더라도 한 달에 한 번 정도는 미용실에 데려가는 것도 좋은 방법입니다. 반려견이 겁을 먹었을 때는 관리사에게 부탁해 간식을 주는 것도 좋습니다.

Point

유리로 된 미용실

요즘에는 유리로 벽을 세워 미용 중인 개의 모습을 지켜볼 수 있게 해둔 곳이 많습니다. 그러나 이럴 경우, 개가 주인에게만 지나치게 집중하기 때문에 관리사와 호흡을 맞추기가 어렵기도 합니다. 보호자는 관리사에게 최대한 맡기고 개가 관리사에게 집중할 수 있게 하는 것이 좋습니다.

서로 맞지 않다면 샵을 바꿔보자

반려견이 미용 중 하품을 하거나 스트레스가 해소되지 못하면 거칠게 몸부림친다거나 관리사를 깨무는 경우가 생길 수도 있습니다. 이렇게 되면 더 이상 미용을 진행할 수가 없지요. 완벽한 기술을 지닌 관리사임에도 반려견과 궁합이 맞지 않을 수 있습니다. 이럴 경우 무리하지 말고 다른 곳으로 미용실을 바꿔보는 것도 좋은 방법입니다.

진찰대 위에서 바들바들 떤다

무서워…

낯선 환경에 겁을 먹었다

공포감을 느끼며 두려움에 떨고 있는 상태. 높은 진찰대, 병원 특유의 분위기나 냄새에 겁을 먹는 경우도 있다. 과거에 동물병원에서 좋지 않은 경험을 했다면 정도가 더 심해지기도 한다.

<table>
<tr><td>이럴 때,
이런
속마음</td></tr>
</table>

너무 너무 무서워!

진찰대 위에서 바들바들 떠는 것은 겁을 먹었기 때문입니다. 낑낑대는 것은 무섭고 싫다는 자신의 의사를 보호자에게 호소하는 카밍 시그널입니다. 안아주기를 바라는 개도 있지요. 몸을 떨며 꼬리를 다리 사이에 말아 넣었다면 꽤나 겁에 질렸다는 사인입니다. 경우에 따라서는 으르렁대기도 합니다. 이럴 경우 의사나 간호사가 진찰을 위해 손을 내밀면 거칠게 저항하거나 물 수도 있습니다.

침착하고 당당한 모습을 보여주자!

동물병원은 여러 동물의 냄새가 섞여있는 곳입니다. 개 입장에서는 도무지 편안해지지 않는 장소이지요. 진찰실 너머에서 불편한 울음소리가 들려오니 개는 경계심으로 가득할 수밖에 없습니다. 이럴 때 가장 중요한 것은 보호자가 평상심을 유지하고 반려견에게 당당한 자세를 보여주는 것입니다. '버둥거리면 어떻게 하지?' 이런 걱정으로 마음을 졸이고 있다 보면 그 불안함이 개에게 그대로 전달됩니다. 진찰대에 오르는 것을 싫어하는 개가 진찰대에 올라갔다면 곧장 칭찬하고 간식으로 보상합니다. '진찰대에 오른다=좋은 일이 생긴다'고 생각하게 만드는 작전입니다. 평소에는 먹을 수 없었던 특별하고 맛있는 간식을 준비하면 효과가 훨씬 더 큽니다.

Point

진료를 기다릴 때 주의 사항	대기실에서 다른 개나 고양이, 보호자와 함께 진료를 기다려야 할 때도 있습니다. 이럴 때일수록 기본 매너에 더 신경 써야 합니다. 병으로 컨디션이 나쁘기도 할 테고, 동물이든 사람이든 원래부터 개 자체를 불편해하는 경우도 있기 때문입니다. 서로 기분 좋게 진료를 받을 수 있도록 다른 반려동물과 보호자를 배려하도록 합시다.
모든 방법을 동원해도 진찰대를 거부하는 경우	대부분의 개들이 진찰대를 두려워합니다. 공포심이 높아지다 보면 의사나 간호사를 문다거나 공격적인 태도를 보이는 경우도 있습니다. 진찰이나 치료는 진찰대 위에서 하는 것이 기본입니다. 그러나 어떤 방법을 써도 진찰대를 거부하는 경우, 다른 장소(보호자의 무릎 위 등)에서 진찰을 받게 해주는 동물병원도 있습니다. 사전에 미리 상담해보도록 합시다.

가만히 있지 못한다

먹고 싶어!

궁금한 것이 너무 많아 진정이 안 된다

낯선 곳, 낯선 사람들, 낯선 개들. 궁금하기도 하고 기쁘기도 하고 불안하기도 하다.
좀처럼 진정이 되지 않는 상태.

**이럴 때,
이런
속마음**

어쩐지 진정이 안 돼!

개는 여러 사람과 낯선 개가 모인 장소에서 침착함을 유지하기 힘들어합니다. 대부분의 개가 다 그렇습니다. 낯선 소리와 냄새가 신경을 자극하기 때문에 어쩔 수가 없지요. 보호자의 지시를 갑자기 따르지 않는다면 주변이 너무 궁금하거나 무섭기 때문일 수도 있습니다. 연신 몸을 긁어댄다면 긴장하고 있다는 사인입니다. 하지만 너무 걱정할 필요는 없습니다. 조금 시간이 지나 익숙해지면 겁이 많거나 호기심 왕성한 개도 대부분은 차분함을 되찾기 때문입니다.

카페에 가기 전, 사회화 훈련부터 시작하자

카페에 모인 개들을 관찰하다 보면 안절부절 움직임이 산만한 개도 있고, 다른 사람과 개를 볼 때마다 짖는 개도 있습니다. 이런 행동들은 공포와 불안을 느끼고 있다는 사인입니다. 사회화 과정(외부 세계의 다양한 자극에 적응하는 과정)이 부족한 개라면 반려견 카페에 있다는 것 자체가 스트레스일 수 있습니다. 그러니 보호자도 정신적으로 피곤해질 수밖에 없지요. 개에게 제일 먼저 필요한 것은 사회화 과정입니다. 어디서든 편안해할 수 있는 개로 만들어주는 것이 중요하지요. 사회화는 성견이 되고 나서부터도 가능합니다. 그러나 강아지 때보다는 훨씬 더 많은 시간이 필요합니다. '강아지 교실' 같은 프로그램을 활용해 가능한 빠른 시기부터 사회화 교육을 해나가길 추천합니다.

반려견이 좋아하는 매트를 준비하자

반려견 카페에 반려견이 좋아하는 매트를 가져갑니다. 매트 위에 개가 엎드리면 간식을 주는 훈련을 반복합니다. 이 훈련을 통해 '매트에 엎드린다＝좋은 일이 생긴다'를 학습시킵니다. 매트만 있으면 어디서든 차분한 매너 좋은 개로 성장할 수 있습니다.

카페에 가기 전, 매너 훈련을 확실하게

반려견 카페라고 해서 카페 안을 헤집고 다닌다거나, 짖게 내버려 둔다거나, 여기저기 배설을 해도 되는 건 아닙니다. 다른 사람과 개들에게 피해를 주지 않도록 매너 훈련을 확실히 시킨 후에 데려가도록 합시다. '엎드려' 자세에서 '기다려'를 할 수 있다면 충분합니다. '기다려' 시간이 좀 더 길어질 수 있게 훈련을 반복합시다.

차만 타면 산만해진다

겁을 먹었거나 신이 났거나

이동 가방이나 자동차가 무서울 경우 산만한 행동을 할 수 있다.
반대로 외출한다는 것이 기뻐서 그럴 수도 있다.

이럴 때,
이런
속마음

무서워! 우와, 산책이다!

겁이 많은 개들 중에는 자동차에 타는 걸 싫어하는 개가 많습니다. 엔진 소리가
시끄럽고 흔들리는 자동차가 무섭기 때문입니다. 그와는 반대로 '자동차에 탄다
=외출한다'고 학습한 개는 외출이 기뻐서 흥분하기도 합니다. 수시로 바뀌는 풍
경이 흥미진진한 것이지요. 또한 이동 중 너무 긴장한 나머지 대소변을 지리는 개
도 있습니다. 멀미를 하는 개도 있고 시트에 일부러 마킹을 하는 개도 있습니다.

서두르지 말고 천천히, 승차 훈련을 하자

일단은 시동을 걸지 않은 차에 반려견을 태웁니다. 장난감으로 놀아주고 간식을 주며 차 안에서 시간을 보냅니다. 어느 정도 익숙해졌다 싶으면 시동을 걸고 다시 자동차 안에서 시간을 보냅니다. 장난감, 간식 등을 활용해 '자동차 안=즐거운 장소'라고 인식시키는 것이 승차 훈련의 핵심 포인트입니다. 처음에는 짧은 거리를 이동한 후 조금씩 이동 거리를 연장해 나갑니다. 공원 등 반려견이 좋아하는 장소를 목적지로 하면 좋습니다. '자동차에 탄다=즐거운 일이 생긴다'는 등식을 학습할 수 있도록 자동차에 대한 인상을 긍정적인 것으로 바꿔주는 것이 중요합니다. 몸에 꼭 맞는 케이지에 넣거나 무릎에 올리고 뒷좌석에 앉아 반려견의 몸이 흔들리지 않도록 해주는 것도 좋습니다.

Point

너무 힘들어하면 반려견 호텔을 이용하자

아무리 승차 훈련을 해도 산만함이 고쳐지지 않을 경우, 억지로 차에 태워서는 안 됩니다. 전철이나 비행기가 무서워 탈 수 없을 때도 마찬가지입니다. 아쉽지만 반려견과의 동행은 포기하고 반려견 호텔 등 맡길 수 있는 곳을 찾아보는 게 더 좋습니다.

대중교통을 이용할 때는 케이지를 사용하자

전철이나 버스로 반려견과 이동할 때에는 케이지나 이동용 가방을 사용하는 것이 최소한의 예의입니다. 대중교통 이용객 중에는 개를 무서워하거나 싫어하는 사람도 있기 때문입니다. 아무리 온순한 반려견이라 할지라도 케이지 밖으로 머리를 꺼내지 못하게 합니다. 교통에 따라서는 특별 요금이 부과되는 경우도 있으므로 사전에 확인할 필요가 있습니다.

식사 시간이 되면 '앉아'를 한다

밥 줘!

'앉아' 자세를 하면 밥을 먹을 수 있다고 학습했다

곧 밥을 먹을 수 있다는 즐거운 기대감으로 가득 차 있다.
짖지 않고 기다리고 있다면 흥분의 정도가 높지 않고 평온한 상태다.

이럴 때, 이런 속마음

곧 식사 시간이군

매일 정해진 시간에 밥을 주면 개의 체내 시계가 그 시간을 기억하게 됩니다. 식사 시간이 가까워지면 보호자의 눈에 띄는 위치에서 '앉아' 자세를 취한 채 빤히 바라봅니다. 말하자면 '밥 독촉'을 하는 것이지요. '밥은 언제 먹어? 밥 줘!'라며 자신의 의사를 어필하는 중입니다. 개에 따라서는 보호자의 몸에 자기 다리를 올리기도 하고 짖기도 합니다.

개의 요구 행동에 적절히 대처하자

식사 시간이 다 됐다고 앉은 자세로 얌전히 기다리고만 있다면 반려견의 요구에 응해줘도 괜찮습니다. 하지만 가끔은 요구의 강도가 심해지면서 시끄럽게 짖어대는 경우도 생깁니다. 이럴 때 대부분의 보호자가 개를 조용히 시킬 목적으로 밥을 주게 됩니다. 이웃에 피해를 주게 될까 봐 걱정스럽기 때문이지요. 하지만 이것이 반복되면 '요구를 위해 짖는다=요구가 충족된다'는 패턴을 학습하게 됩니다. 식사 시간만 다가오면 밥을 요구하며 짖는 개가 되지요. 요구성 짖음이라고 판단되면 개의 행동을 무시하거나 그 자리를 뜨는 게 좋습니다. 그리고 개가 짖기를 멈추면 그 때 밥을 주면 됩니다.

Point

**반려견의 다양한
요구 방식**

개는 자신의 요구 사항을 다양한 몸짓 언어로 표현합니다. '앉아' 자세로 빤히 바라보기도 하고, 앞다리로 바닥을 긁기도 하고, 낑낑대기도 하고, 짖기도 합니다. 앞다리를 들어 사람 몸에 매달리기도 합니다.

**밥을 재촉하는
행동이 곤란할 때**

매일 정해진 시간에 밥을 주다 보면 그 시간에 맞춰 밥을 재촉하게 됩니다. 쓸데없는 기대감을 없애주고 공복의 스트레스를 경감시켜준다는 의미에서 식사 시간에 변화를 주는 게 좋습니다. 한편 개들 사회에서는 서열이 높은 순으로 먹이를 먹습니다. 그런 사실에 기인해 보호자가 식사를 마친 후 개밥을 챙겨야 한다는 설도 있지요. 하지만 가설은 가설일 뿐 둘 사이에 특별한 상관관계는 없다고 보여집니다.

밥을 먹지 않는다

필요 없어

더 맛있는 것을 원하거나 몸 상태가 나쁘기 때문일 수도

기운이 없어 보인다면 컨디션 문제로 사료를 거부하는 것일 수 있다.
그렇지 않다면 더 맛있는 걸로 바꿔달라는 요구 때문인 경우도 있다.

이럴 때,
이런
속마음

… 먹고 싶지 않아!

갑자기 사료를 거부하고 어딘가 불편해보인다면 동물병원에 데려가 봐야 합니다. 반면 겉보기에는 아무 문제가 없는데 사료를 거부한다면 단순한 밥투정일 가능성이 큽니다. '사료를 거부한다＝더 맛있는 간식을 먹을 수 있다'는 경험을 이전에 했던 개라면 자신의 요구 사항을 관철시키기 위해 사료를 거부하는 행동을 반복하게 됩니다. 반려견용 퍼즐 등 흥미로운 장난감 안에 사료를 넣어주면 놀이를 통해 자연스레 사료를 먹게 되기도 합니다.

사료 거부는 과거의 경험 때문일까?

건강한 개가 밥을 먹지 않는 이유는 뭘까요? 문제 해결을 위해 원인부터 살펴봐야 합니다. '밥그릇 말고 손으로 먹여 달라'는 요구, '이 사료는 질렸으니 다른 것을 달라'는 요구, '건사료만 주는 건 싫고 닭 가슴살이나 깡통 사료를 얹어 달라'는 요구 등 여러 가지 이유가 있을 수 있습니다. 그러나 밥을 먹지 않는다는 이유로 맞춰주다 보면 '먹지 않는다=더 맛있는 것을 얻을 수 있다'는 것을 학습하게 됩니다. 반려견이 사료를 먹지 않으면 곧바로 그릇을 치워버립니다. 배가 고프면 자연스레 먹게 됩니다.

성장기 강아지가 밥을 먹지 않을 때	건강한 성견이라면 4~5일 정도 사료를 먹지 않아도 큰 문제는 없습니다. 그러나 성장기 강아지가 필요한 영양을 섭취하지 못하게 되면 저혈당 쇼크를 일으킬 수도 있습니다. 강아지가 밥을 먹지 않는다면 동물병원에 가서 상담을 받아봅니다.
성장기에는 식욕이 왕성하다	개는 성장기에 식욕이 왕성합니다. 그러다 성견이 되면서 자연스레 식사량이 줄고 식욕도 안정화됩니다. 이를 두고 '예전보다 적게 먹는다', '최근에 식욕이 줄었다'고 착각해 걱정하는 보호자도 있습니다. 잘 먹었으면 하는 마음에 고급 사료로 바꾸거나 간식을 주거나 하면 음식에 대한 호불호를 학습시켜 오히려 사료 거부가 늘 수도 있습니다.

물건을 물어뜯거나 삼킨다

질겅
질겅

이거 좋아~

심심풀이 삼아 자기가 좋아하는 행동에 몰두 중

개는 물어뜯는 데에서 즐거움을 느낀다.
보호자에게 관심을 받지 못하고 심심할 때 그런 행동을 자주 한다.

**이럴 때,
이런
속마음**

물어뜯기는 정말 재밌어. 나 좀 봐, 나 좀 보라구!

개가 물건을 물어뜯는 것은 자연스러운 행동입니다. 개는 보호자의 체취가 묻어
있는 신발이나 양말, 슬리퍼 같은 것들을 정말 좋아합니다. 이 역시 개의 자연스
러운 습성이며, 좋아하는 물건을 질겅질겅 물고 뜯으며 자신의 욕구를 충족시키
고자 합니다. 그런 행동을 할 때 개의 기분은 '신나! 최고야! 행복해!'입니다. 한편
보호자의 관심을 받기 위해 물어서는 안 되는 물건(예를 들어 슬리퍼나 전선)을
일부러 물어뜯는 경우도 있어 주의가 필요합니다.

장난감으로 물어뜯는 욕구를 해소시키자

물건을 물어뜯고자 하는 것은 개의 본능적인 욕구입니다. 무는 욕구가 충족되지 않으면 초조해하거나 스트레스를 받기도 합니다. 천연고무로 된 장난감, 개껌 등 물어뜯어도 좋은 것들을 준비해줍니다.

한편 보호자의 관심을 끌어 같이 놀고 싶은 마음에 슬리퍼나 가구를 물어뜯는 경우도 있습니다. 이럴 경우, 혼을 내거나 행동을 저지하기 위해 쫓아가지 말고 일단은 무시하는 게 좋습니다. 행동을 멈추기 위해 개를 쫓아다니면 개는 보호자가 자기와 놀아줬다고 착각합니다. 행동이 차분해진 후 개가 닿지 못하는 곳에 물건을 치워둡시다.

Point

지루함이나 불안함을 달래기 위해	아무도 없이 혼자 집에 있을 때, 지루함이 극에 달해 심심풀이로 물건을 물어뜯기도 합니다. '아, 심심해~ 지루해~'라는 불만족과 스트레스를 물어뜯는 행위로 발산하는 것이지요.
물어뜯다가 삼키는 경우도 있다	물어뜯는 물건을 억지로 뺏으려 해서는 안 됩니다. 뺏기지 않기 위해 삼키는 경우도 있기 때문입니다. 실제로 대형견이 핸드폰이나 리모콘을 삼키는 경우도 종종 있습니다. 보호자가 소중히 여기는 물건일수록 그에 대한 흥미가 자극되고, 더 강하게 물고 싶어합니다. 물면 안 되는 물건이라면 아예 처음부터 개가 가까이 갈 수 없는 곳에 치워두는 게 좋습니다.

자기 오줌을 피한다

아우 싫어…

발에 오줌이 묻지 않게 피해 다닌다

개는 다리에 오줌이 묻는 것을 싫어한다. 오줌이 묻었다는 불쾌감,
오줌의 흔적을 깨끗이 없애고 싶은 마음에 그 자리를 핥아대는 개도 있다.

이럴 때,
이런
속마음

싫어… 밟고 싶지 않아…

개는 흡수력이 있는 물건에 오줌 누는 걸 좋아합니다. 흡수력이 없는 물건에 오
줌을 누면 자기 다리에 오줌이 튈 수도 있기 때문입니다. 개가 자기 오줌을 피해
다니는 이유는 발이 젖는다는 불쾌감 때문이기도 하지만, 자기 냄새를 발바닥에
묻혀 다니다가 다른 동물에게 추적당할 수 있다는 동물적인 본능 때문이기도 합
니다. 그러나 최근에는 태어나 자란 환경과 관리 여부에 따라, 자신의 배설물을
밟아도 아무렇지 않아하는 개가 늘어나고 있습니다.

충분한 크기의 배변 패드를 깔아준다

배변 패드는 가능한 큰 것을 깔아주는 게 좋습니다. 패드의 크기가 작으면 오줌이 바깥으로 새기도 하고 패드가 조금만 젖어도 싫어하는 개들은 일부러 다른 곳에 배변을 하기 때문입니다. 몸의 성장에 맞춰 배변 패드도 점차 큰 것을 깔아주는 게 좋습니다.

만약 개가 배설물을 밟았다면 화를 내거나 당황하지 말고 담담하게 치우도록 합니다. 보호자가 격한 반응을 보이면 '주목을 끌었다＝좋은 일이다'라고 착각할 수 있기 때문입니다.

Point

**산책 없는 날은
실내 배변의 날**

가끔은 산책을 쉬고 실내 배변을 훈련해보도록 합시다. 반려견이 배변 패드에 배변을 성공했다면 간식으로 보상합니다. 이런 식의 배변 훈련을 반복하면 실내에서도 긍정적인 배변 습관을 길러줄 수 있습니다.

**실내외 어디에서든
배변을 할 수 있도록**

아침, 저녁 매일 산책을 나갈 경우 반려견은 실내에서 배변을 하지 않으려고 합니다. 물론 집 안이 더러워지지 않는다는 면에서는 큰 장점입니다. 그러나 보호자나 개가 다쳐서 밖에 나갈 수 없거나 비가 올 경우에는 곤란해지기도 하지요. 또한 노견이 되면 몇 시간 간격으로 배변 욕구를 느끼게 되는데 그때마다 산책을 나갈 수는 없는 노릇입니다. 때문에 실내 배변 훈련은 필수입니다.

지정된 장소가 아닌 곳에 배변을 한다

그래, 여기!

본능에 따라 자신의 냄새를 마킹 중

암컷, 수컷 상관없이 마킹 행위는 개의 본능적인 행위다. 개로서는 쾌감이 느껴지는 행동.

**이럴 때,
이런
속마음**

내 냄새를 묻혀둬야겠군

실내 배변 훈련이 잘 되어 있음에도 불구하고 어느 날부터인가 갑자기 방 여기
저기에 오줌을 찔끔대며 마킹을 하는 경우가 있습니다. 6개월 이후, 개의 청년기
에서 성숙기로 넘어가는 시기에 많이 볼 수 있는 모습이지요. 마킹은 오줌을 뿌
려 자신의 존재와 영역을 알리고자 하는 행동입니다. 벚꽃놀이 시즌에 사람들이
미리 돗자리를 깔고 장소를 확보해 두는 것과도 비슷한 행동이지요. 주로 수컷이
보이는 행동이지만 암컷도 마킹을 하는 경우가 있습니다.

반항기에는 배변 실수를 할 수 있다

마킹은 개의 본능입니다. 그러나 간식 등을 잘 활용하면 마킹으로 발생하는 불편한 일을 줄일 수 있습니다. 중성화 수술을 하면 수컷의 본능적인 마킹 작업이 극적으로 줄어들기도 합니다. 그러나 수컷의 습성과는 상관없는, 불만족이나 불안감에서 기인하는 마킹은 훈련을 통해서만 없앨 수 있습니다. 마킹은 6개월 무렵부터 흔히 볼 수 있는 문제 행동으로, 배변 패드에 제대로 배변을 하면 간식을 주고 배변 실수를 하면 개집에 들어가게 하는 등 지속적인 훈련을 통해 교정할 수 있습니다. 산책을 할 때도 마킹을 제한해주면 집에서의 배변 훈련 성공률이 올라갑니다.

Point

반려견용 기저귀로 마킹 방지

실내에서 마킹을 하는 경우 반려견용 기저귀를 쓰는 것도 하나의 방법입니다. 그러나 기저귀를 했다는 이유로 마음껏 마킹을 하게 내버려둬서는 안 됩니다. 기저귀를 벗기자마자 마킹으로 여기저기 난리가 날 테니까요. 기저귀를 착용 중이더라도 마킹 행위에 대한 적당한 대처와 훈련이 필요합니다.

배변 실수의 원인을 찾자

개의 몸에 비해 배변 패드 크기가 작거나, 개집 혹은 잠자리와 배변 패드의 거리가 너무 가깝거나, 배변 장소가 바뀌어 마음에 들지 않거나 배변 패드가 더러워져서 쓰고 싶지 않는 등 개가 지정 장소가 아닌 곳에서 배변을 하는 이유는 다양합니다. 원인을 찾아 환경을 개선해주는 작업이 필요합니다.

손님을 보고 짖는다

왔다!

사람을 좋아하는 성격으로 누가 왔다는 게 너무 기쁘다

초인종이 울리면 반려견의 흥분도가 급상승한다.
사람과 만난다는 기쁨, 나와 놀아주고 만져줄 것이라는 기대감으로 가득한 상태.

이럴 때, 이런 속마음

우와, 신난다. 너무 기뻐!

초인종이 울리면 짖어대며 현관으로 전력 질주. 현관문을 열리면 손님을 향해 꼬리를 흔들며 또 다시 멍멍멍. 반려견이 있는 가정에서 흔히 볼 수 있는 모습입니다. 꼬리의 위치가 높고 흔드는 속도가 빠르다면 호의와 기쁨의 표현입니다. 원래부터가 사교적인 성격이라거나 '인간은 친절해. 너무 좋아'라고 학습한 개들은 방문객이 모르는 사람이더라도 온몸으로 기뻐합니다.

손님에게 달려든다면 현관으로 가지 못하게 하자

현관문을 연 순간 개가 손님에게 뛰어들 가능성이 있다면 초인종이 울렸을 때 현관 쪽으로 개가 접근하지 못하게 관리해야 합니다. 거실 문을 닫거나 복도에 반려견용 펜스를 설치하는 등 적절한 대책 마련이 필요하지요. 개의 애정 표현을 이해하는 손님이라면 미리 양해를 구한 후 자유롭게 둬도 되지만 그렇지 않은 경우에는 개집이나 자신의 공간에 머물게 한 후 손님을 맞이하는 것이 좋습니다. 차분해지면 풀어줘도 되지만 손님이 개를 불편해하는 경우라면 서로를 위해 개를 격리시켜 두는 게 좋습니다.

Point

택배는 현관 밖에서 받자

택배 등 수령만으로 끝나는 용건은 현관 밖에서 처리하는 게 좋습니다. 이 경우, 거실에 있던 개는 초인종이 울렸는데 아무도 오지 않으니 김이 빠지기도 하지요. '초인종=손님'이라는 인식을 줄여줄 수 있는 효과도 있습니다.

너무 기쁜 나머지 오줌을 지렸을 때

손님이 반가워 애정 표현을 하던 중 오줌을 지렸다면 먼저 손님의 옷이 더러워지지 않았는지 확인한 후 바닥에 묻은 오줌을 청소합니다. 개는 기뻐서 흥분했을 때 가끔 오줌을 지리기도 합니다. 주로 강아지에게 볼 수 있는 행동으로, 성장과 함께 자연스레 고쳐지는 행동입니다. 오줌을 지렸다면 우선은 자기 공간에 들어가 있게 하고 가능한 흥분시키지 않는 등 적절한 대응이 필요합니다.

초인종이 울리면 격렬하게 짖는다

누군가 왔다는 사실에 경계심 발동

경계심이 강하거나 겁이 많은 개는 초인종이 울리면 격렬하게 짖어 상대를 견제한다.
누군가 나타났다는 사실에 무섭고 불안한 상태다.

이럴 때,
이런
속마음

누군가 왔구나! 좀 싫은데…

꼬리를 높이 흔들며 짖고 있다면 불안감 때문에 경계하고 있다는 사인입니다. 더 이상 다가오지 말라는 의미이지요. 공포와 불안이 증폭될수록 꼬리의 위치는 낮아집니다. '초인종=모르는 사람이 내 영역에 들어온다'는 신호로 인식하기 때문에 겁이 많은 개일수록 초인종이 울리면 격렬히 짖고 패닉 상태에 빠지는 것이지요.

짖는 원인을 찾아 공포심을 없애주자

우선은 '초인종이 울린다=무섭다'는 인식부터 바꿔주는 게 중요합니다. 가족이나 친구에게 초인종을 누르게 한 후 '초인종이 울린다 → 간식을 반려견 방석 위에 올린다 → 간식을 먹는다'를 수차례 반복합니다. '초인종=간식'이라고 학습하게 되면 '초인종이 울리면 짖어야겠다'가 아니라 '방석 위에서 간식을 먹는다'는 행동이 정착하게 됩니다.

집을 방문한 낯선 사람을 보고 으르렁대는 경우도 있습니다. 이럴 때에는 갑자기 달려들어 물지 못하도록 펜스 안이나 개집 안에 격리시켜야 합니다. 개의 입장에서도 그렇게 있는 편이 훨씬 더 마음이 편합니다.

Point

밖에서 만나 함께 들어오자

사람에게 낯가림이 없는데도 유독 방문객을 싫어하는 경우가 있습니다. 타인이 집에 들어온다는 것(자신의 영역을 침범당한다는 것) 자체가 두렵기 때문입니다. 이럴 경우, 개와 함께 집 근처까지 마중을 나가 손님과 함께 집에 들어오면 좋습니다. 개의 경계심을 누그러뜨릴 수 있기 때문입니다.

커다란 금속음으로 신경을 돌리는 방법

개가 심하게 짖으면 동전을 넣은 깡통을 흔들어 큰 소리를 냅니다. 그 소리에 놀라 짖기를 멈추게 하는 효과가 있습니다. '짖는다=기분 나쁜 소리가 들린다'를 학습시켜 불필요한 짖음을 교정할 수 있는 방법입니다. 짖지 않고 의젓하다면 간식으로 보상합니다. 이 방법은 개의 성질이나 반려인과의 관계에 따라 역효과를 내는 경우도 있으므로 주의할 필요가 있습니다. (p.160 참고)

손님을 환영하고 기뻐 날뛴다

신난다!
신난다!

사람을 좋아하는 성격이다. 손님이 와서 너무 기쁘다
함께 놀 수 있으리라는 기대감으로 가득 차 있다.
기쁘고 즐거워 어쩔 줄 모르는 상태다.

**이럴 때,
이런
속마음**

야호! 신난다! 짱 신난다!

집에 찾아온 손님을 반기는 개들은 손님에게 달려들기도 하고 꼬리를 붕붕 흔들
며 왕왕 짖어대기도 합니다. 무릎 위에 올라가거나 얼굴을 핥기도 하고 손과 발
을 살짝살짝 깨물기도 합니다. 이런 행동으로 개들은 찾아온 손님에게 자신의 감
정을 표현합니다. 자기만의 방식으로 열렬히 환영하는 행동이지요. 너무 흥분한
나머지 거실이나 마당을 질주하는 개도 있습니다. 그러다가 일부러 자기 몸을 손
님 몸에 부딪치기도 하지요.

손님의 반응을 보고 대처하자

손님 중에는 사람을 좋아하고 붙임성이 좋은 개의 행동을 달가워하지 않는 경우가 있습니다. 먼저 손님의 반응을 살핀 후 반려견을 안아 올리거나 저지하는 등 상황에 따른 적절한 대처가 필요합니다. 손님이 싫어하지 않는다면 둘 사이에 개입하지 않고 자연스레 내버려둡니다. 조금씩 깨무는 행동을 하는 개라면 손님에게 미리 말해두는 게 좋습니다. 손님 옆에서 '앉아' 자세를 취하면 간식을 먹을 수 있다고 학습한 개는 손님이 와도 달려들지 않고 얌전히 앉아 기다립니다. 개가 너무 흥분했다면 '들어가'를 시킨 후 다시 차분해지면 거실로 나오게 합니다.

Point

손님에게 부탁하자

개를 좋아하는 사람이라면 다가오는 개에게 즉각적으로 관심을 표하게 됩니다. 자기도 모르게 쓰다듬기도 하지요. 그럴수록 개의 흥분도는 더 높아지기 때문에 더 산만한 행동을 하게 됩니다. 개를 진정시켜야 할 상황이라면 '반응을 보이지 말고 무시해 달라'고 손님에게 부탁하는 게 좋습니다.

충분한 운동이 도움이 된다

개를 좋아하는 사람이라면 달려들며 인사하는 개의 행동이 반갑고 즐겁습니다. 하지만 개를 싫어하는 사람에게는 불편한 일이지요. 그런 손님과 만나야 한다면 사전에 충분히 운동을 시키는 것도 효과가 있습니다. 살짝 피곤해질 정도로 신나게 뛰어 놀면 손님에 대한 흥분도를 낮추는 데 도움이 됩니다. 손님이 오기 전, 지시어와 간식을 통해 자기 공간 안에 머물게 하는 것도 좋은 방법입니다. 손님을 직접적으로 볼 수 없으면 평소의 차분함을 되찾기가 훨씬 쉬워지기 때문입니다.

바깥을 향해 짖어댄다

밖에 신경을 거스르는 존재가 나타났다. 흥분한 상태
무언가에 집중하고 있는 상태다. 그쪽으로 가보고 싶고 쫓아버리고 싶은 마음이다.
짖어서 동료에게 알리고자 하는 행동이기도 하다.

이럴 때,
이런
속마음

저기로 가고 싶어!

개가 창밖을 향해 짖을 때, 짖는 톤과 꼬리의 위치, 움직임 같은 것들을 체크합시
다. 귀와 꼬리를 세운 채 자신만만해 보인다면 자기 영역에 다른 동물이 들어왔
다는 사실을 알리고자 하는 행동입니다. 때에 따라서는 꼬리를 흔들기도 합니다.
쫓아내고 싶다, 혹은 쫓아가고 싶다는 강한 욕구에 사로잡힌 상태이지요. 귀가 눕
고 꼬리가 처져있다면 자극 대상을 두려워하고 있을 가능성이 큰 상태입니다.

짖는 원인을 없애주자

새, 고양이, 개, 사람, 자동차 등 창밖으로 보이는 모든 것에 일일이 반응해서 짖는다면 개도 피곤할 것입니다. 짖는 소음 때문에 이웃에게도 폐가 되지요. 지나치게 외부 상황에 신경을 쓴다면 커튼이나 불투명 창문 시트를 활용해 시각적으로 외부 상황에서 차단시켜 주는 게 좋습니다. 오토바이나 자동차 소리에 반응하는 경우라면 두꺼운 커튼을 다는 게 효과가 있고, 덧창이 있는 집이라면 덧창을 닫아주는 게 좋습니다. 사람이 지나가거나 소리가 들릴 때마다 간식을 제공해 외부 자극에 집중하지 않는 습관을 길러줍니다.

Point

겁을 먹었다면 달래주자	밥을 달라는 등 자신의 요구를 위해 짖는다면 무시하는 게 정답입니다. 그러나 두려움에 빠져 짖고 있다면 상황을 살펴본 후 달래줄 필요가 있습니다. 겁에 질린 마음을 안정시켜줄 수 있는 방법에 대해서도 고민해봅시다.
잠자리 위치를 확인해보자	도로 쪽 창가처럼, 외부 소음이나 기척이 그대로 전달되는 곳에 잠자리가 있다면 개는 편하게 쉴 수 없습니다. 갑자기 밤에 짖는 것도 자동차 소리 같은 것들이 신경을 거스르기 때문입니다. 개집이나 방석 등 잠자리 위치가 적절한지 다시 한 번 살펴봅시다. 잠자리는 조용한 곳일수록 좋습니다. 외부 소리가 들려오지 않는다면 경계심으로 짖는 행동도 사라지게 됩니다.

귀를 뒤로 젖히고 몸이 경직된다

안절부절, 불안하고 싫다는 마음

공포심, 불안감으로 가득한 상태.

너무 싫은 나머지 코에 주름이 잡히도록 으르렁대는 개도 있다.

목욕하기 싫어. 욕실도 싫어.

목욕을 싫어하는 개는 정말 많습니다. 평소에 자주 가지 않으니 개 입장에서 욕실은 불안한 곳이기도 합니다. 싫고 도망치고 싶고 두려움으로 가득한 공간이지요. 집에서의 목욕 과정이 서투르면 '목욕＝불쾌한 일'이라고 학습하게 됩니다. 얼굴에 갑자기 물을 끼얹는다거나, 물 온도가 맞지 않다거나, 샤워기 소리가 너무 크다거나, 수압이 너무 강하지 않도록 주의합시다.

장난감과 간식을 이용해 욕실을 즐거운 장소로

개는 대부분 몸이 젖는 것을 싫어합니다. 그러므로 강아지 때부터 목욕에 적응시켜주는 게 중요합니다. 욕실을 싫어할 경우, 갑자기 물을 튼다거나 하는 행동은 금물입니다. 부드러운 목소리로 말을 건네 안심시키고, '앉아' 자세를 취하면 충분히 칭찬하는 등 최대한 안심할 수 있게 하는 게 중요합니다. 미끄러운 바닥을 무서워하는 개도 많기 때문에 목욕 시 미끄럼방지 시트를 깔아주는 것도 좋은 방법입니다. 샤워기를 조금씩 틀어 물이 나오는 소리에 적응하게 해주고, 물의 온도는 미지근하게 맞춥니다. 뒷다리부터 엉덩이, 등, 목의 순서로 조금씩 물을 적셔줍니다.

Point

물이 필요 없는 목욕 제품	아무리 노력해도 목욕에 적응하지 못한다면 거품 상태의 목욕용 스프레이나 샴푸타올 등 몸을 적시지 않고도 더러움을 없앨 수 있는 목욕 제품을 사용합시다.
몸이 젖는 걸 익숙하게 만들자	욕실은 익숙해졌으나 몸이 젖는 걸 여전히 싫어한다면 수영이나 물놀이로 물에 젖는 느낌에 적응시켜주면 좋습니다. 개는 더위를 힘들어하는 동물이기 때문에 물놀이가 기분 좋게 느껴지는 여름이 훈련 적기입니다. 어린이용 비닐 풀장이나 커다란 대야에 물을 넣어 정원이나 베란다에서 물놀이를 시켜주면 좋습니다. 여름이라고 해도 미지근하게 물의 온도를 맞춰줍니다.

놀아줄 때 너무 흥분한다

크앙! 크르르!

사냥할 때의 느낌과 비슷하다. 흥분도가 상승한다
무척 즐겁다. 쾌감에 빠진 상태다.
사냥 본능이 자극되어 지나치게 흥분하는 경우도 있다.

**이럴 때,
이런
속마음**

터그 놀이 장난감이다! 크아앙!

개는 장난감을 물고 흔들며 잡아당기는 터그 놀이를 좋아합니다. 반려견이 좋아하는 놀이들은 사냥에 대한 일종의 시뮬레이션이라고 할 수 있지요. 그중 터그 놀이는 포획물을 찢을 때 사용하는 동작입니다. 본능적으로 좋아하는 움직임이기 때문에 흥분한 나머지 으르렁대기도 합니다. 놀이 상대를 향해 으르렁대는 것은 아니니 놀랄 필요는 없습니다. 그러나 지나친 흥분을 막기 위해 반려견의 상태를 봐가며 물고 있는 장난감을 놓게 만드는 훈련도 필요합니다.

쿨 다운 훈련으로 개를 진정시키자

너무 흥분했다면 잠시 흥분을 가라앉혀주도록 합시다. 터그 놀이를 할 때 거칠게 머리를 흔든다거나 으르렁대도 걱정할 필요는 없습니다. 그러나 지나치게 흥분했다고 느껴지면 '이리 내' 등의 지시어로 장난감을 거두어들일 필요가 있습니다. 물고 있던 장난감을 내려놓으면 충분히 칭찬하고 간식으로 보상합니다. 장난감을 내려놓지 않으면 코앞에 간식을 내밀어 보여줍니다. 간식을 먹기 위해 장난감을 떨어뜨리면 충분히 칭찬하고 간식으로 보상합니다. 간식을 다 먹으면 '앉아' 자세를 취하게 한 후 터그 놀이를 다시 시작합니다. 이런 식의 훈련을 통해 흥분을 진정시키는 습관을 키워주는 게 좋습니다.

Point

'앉아'를 하면 다시 놀이를 시작한다	너무 흥분했다고 놀이를 바로 끝내지 말고 개가 조금 진정되면 다시 놀아주는 게 좋습니다. 이런 과정을 통해 개는 스스로 흥분을 조절하는 법을 배우게 됩니다. 흥분→앉아→놀이→흥분→앉아→놀이를 반복합니다.
너무 흥분했다면 조절해주자	놀이를 통한 적당한 흥분은 스트레스 발산에 효과적입니다. 그러나 지나치게 흥분하면 '앉아'와 같은 보호자의 지시를 거부하게 되므로 개의 행동을 조절하기가 어려워집니다. 조용히 시켜야 할 때 그럴 수 없어지므로 곤란해지기도 하지요. 적당히 흥분했다가 지시어에 차분해질 수 있는 습관을 만들어주는 게 좋습니다.

자기 전 땅을 파는 동작을 한다

잠깐 쉬어볼까

눕기 전, 땅을 고르던 동작의 흔적

엎드려 눕기 전에 하는 동작. 원래부터 지니고 있던 본능적인 행동이다.
그 동작 자체를 즐기는 경우도 있다.

이럴 때,
이런
속마음

땅을 다지며 으쌰, 으쌰

개는 엎드리기 전 지면을 판 후 그 위를 빙글빙글 돌며 땅을 다지는 행동을 합니다. 아주 옛날, 자연 속에 무리 지어 살던 시절부터의 습성이지요. 반려견용 방석이나 매트를 긁어대며 구멍을 파는 듯한 모습은 그 습성의 흔적이라고 할 수 있습니다. 발로 긁어 자기 마음에 드는 형태로 만들고자 하는 행동이기도 합니다. 더운 날에는 지면을 긁어 시원한 흙이 나오게 한 뒤 그 위에 배를 깔고 엎드려 더위를 식히기도 합니다.

매트가 너덜너덜해졌다면 새 매트로 교환하자

엎드리기 전 땅을 파는 행동은 개의 자연스러운 습성입니다. 그러므로 최대한 원하는 대로 하게 해주는 것이 좋습니다. 발로 긁어서는 안 되는 물건이 있다면 사전에 미리 치우거나 대비책을 마련하는 게 좋습니다. 바닥을 긁는 게 고민이라면 바닥면을 보호하는 코팅제 같은 것을 써볼 수 있습니다. 소파의 경우, 두꺼운 커버를 씌우는 것도 방법입니다. 방석이나 매트 정도는 개가 원하는 대로 하게 내버려둡시다. 그러나 너덜너덜해진 천이나 솜 같은 걸 먹기도 하니 그런 면에서는 주의해야 합니다.

Point

개는 자기 냄새에 안심한다

개는 방석이나 매트에서 자기 냄새가 나는 걸 좋아합니다. 자신의 체취에 안심하지요. 물론 세탁을 한 방석에서도 자기 냄새를 확인할 수 있지만 세탁 시 향이 너무 강한 세제나 유연제는 피하는 게 좋습니다. 가끔은 세탁 대신 햇볕 소독만으로도 충분합니다.

땅 파는 동작에 집착한다면 스트레스 때문일 수 있다

거실 바닥을 긁는 행동을 계속한다면 쓸쓸함이나 스트레스, 욕구 불만 때문일 수 있습니다. 놀아주는 시간이 짧진 않았는지, 운동이 부족한 건 아닌지, 혼자 집에 있는 시간이 길어 지루했던 건 아닌지, 짚이는 부분에 대해 체크해봅시다. 반려견 전용 공원에서 신나게 놀며 스트레스를 발산하면 바닥을 긁는 행동이 자연스레 사라지기도 합니다.

사회화란?

인간 사회의 다양한 요소들에 익숙해지는 과정. 이를 '반려견의 사회화'라고 합니다. 사회화는 개가 인간과 함께 살아가는 데 있어 굉장히 중요한 과정입니다.

우연히 마주치게 된 낯선 개와 낯선 사람, 자동차나 자전거 등 움직이는 물체, 소방차의 사이렌 소리 등 인간 세계의 일상생활 속에는 다양한 자극이 존재합니다. 개는 원래부터가 경계심이 강한 동물입니다. 처음 보는 사람이나 개, 사물, 소리 같은 자극에 짖는 반응을 보이는 것도 낯선 것에 대한 경계심 때문이지요. 사회화 과정이 부족하면 그런 자극들이 스트레스로 다가와 차곡차곡 쌓이게 됩니다. 심할 경우 사람이나 다른 개에게 공격적인 모습을 보이는 개가 될 수도 있습니다. 반면 사회화 과정을 잘 거친 개들은 각종 자극에 일일이 반응하지 않고 평온한 생활을 누릴 수 있게 됩니다.

인간 사회에 익숙하게 만들자

성장 단계 중 생후 3주~3개월 정도가 사회화 과정이 이루어지는 시기입니다. 이 시기에 다양한 자극을 경험하게 해주면 살아가는 데 필요한 사회성을 자연스레 갖출 수 있게 됩니다.

사회화는 호기심이 왕성한 강아지들 사이에서 이루어지는 것이 제일 효과적입니다. 다른 강아지들과 놀게 해준다거나 여러

반려견 사회화 교육

사람을 접하게 하는 등 다양한 것들과의 접촉을 경험하게 하는 것이 좋습니다. 사회화 시기에 집에 손님을 자주 초대하고 아이들과 놀게 하는 것도 좋은 방법입니다.

또한 집안의 소리 자극에 적응할 수 있도록, 전화 소리, 초인종 소리 등 생활음을 다양하게 들려주는 것도 좋습니다. 어린 강아지에게 그 소리들이 자극적이지는 않을까 고민할 필요는 없습니다. 평소에 접하게 될 여러 소리들을 미리 들려주세요. 외부 소리 자극의 경우, 예방접종이 끝날 때까지 기다리다 보면 적응 시기가 늦어질 수 있습니다. 그러므로 품에 안거나 케이지에 넣어 수시로 밖에 나가 주는 게 좋습니다. 처음에는 조용한 주택가부터 시작해, 번화한 지하철역 주변으로 산책 반경을 넓혀가며 자전거, 자동차, 아이들이 노는 소리 등, 거리의 소음에 익숙해질 수 있게 합니다. 여건이 된다면 보호자와 강아지를 위한

교육 프로그램에 참가하는 것도 좋습니다. 사회화 훈련은 강아지 때 하는 것이 가장 좋지만 성견이 된 후에도 불가능한 일은 아닙니다. 끈기 있는 훈련을 통해 사회성이 개선되는 경우도 많기 때문입니다. 문제 행동을 할 경우에는 전문 훈련사와 상담해봅니다.

2장

신체 부위별
몸짓 언어로
알 수 있는 속마음

경쾌하게 짖으며 상반신을 숙인다

놀아줘~
놀아줘~

같이 놀고 싶을 때의 몸짓
앞다리를 접어 상반신은 땅으로 숙이고 허리는 높이 든 채 짖는다.
짖지는 않고 이 자세만 취하는 개도 있다.

**이럴 때,
이런
속마음**

속마음에 따라 짖는 톤과 시선이 다르다

보호자가 귀가했을 때, 잘 놀아주는 보호자의 친구가 놀러왔을 때, 컹컹, 왕왕, 높은 소리로 짖고는 합니다. 꼬리를 좌우로 활발히 흔들고 눈을 마주치려는 듯 상대방에게 시선을 떼지 않는다면 '어서 와. 신난다. 놀아줘'라는 기쁨의 표현입니다. 상대방에 대한 반가움을 표현하는 동시에 즐거운 일이 생길 거라는 설레임에 기뻐하고 있다는 사인입니다.

요구 사항 때문에 짖기도 한다

상반신을 낮추는 자세를 취하며 부산하게 움직인다거나, 사람의 눈을 바라보며 멍멍, 짧게 짖을 때에는 '만나서 반가워. 같이 놀자'는 의미입니다. 열쇠나 산책줄을 챙기는 모습을 보고는 산책을 갈 수 있다는 기쁨에 신이 나서 짖어대기도 하지요.

한편 식사 준비를 하거나 간식 봉지를 꺼냈을 때 짖는 개들도 있습니다. 이럴 때 곧장 사료나 간식을 주면 짖는 행위로 요구 사항이 관철됐다고 착각하게 됩니다. 짖는 행위가 요구 사항과 연결되지 않도록 주의해야 합니다.

Point

이빨을 드러낸다면 적신호	입술을 들어 올려 이빨을 드러내고 짖는다면 상대방을 공격할 가능성이 크다는 사인입니다. 개의 몸짓 언어를 재빨리 파악해 상대에게 덤벼들지 못하게 컨트롤해야 합니다.
시끄럽다고 화를 내면 역효과만 난다	개가 짖으면 "시끄러워! 짖지 마!" 화부터 내기 쉽지요. 그러나 개 입장에서는 기뻐서 한 행동에 혼이 나는 것이니 가엾기도 합니다. 이럴 때에는 부드러운 말투로 개의 마음을 받아준 후, 더 이상 짖지 말았으면 한다는 의사를 확실히 전달해주는 게 좋습니다. '앉아' 자세로 기다리면 간식 같은 보상이 따라온다고 제대로 학습한 개는 짖지 않고도 차분하게 자신의 기쁨을 표현할 수 있게 됩니다.

경쾌하게 짖으며 여기저기 뛰어다닌다

재밌어! 즐거워!

기분이 좋다. 기쁘다. 신난다

누군가 찾아왔을 때 경쾌하게 짖으며 활발하게 뛰어다닌다.

신난다. 놀아 줄 사람이 왔다!

현관에서 등장한 누군가를 보고 갑자기 짖으며 경쾌하게 뛰어다니는 것은 '내가 좋아하는 사람, 나와 놀아줄 사람이 왔다!'는 기쁨의 표현입니다. 이전에 그 사람이 다정하게 대해줬고 함께 놀아줬던 것을 기억하고는 기뻐하는 것이지요. 이럴 때 다리의 움직임은 리드미컬하고 꼬리도 좌우로 크게 움직입니다.

계속해서 짖을 때에는 '앉아'로 진정시키자

높은 톤으로 컹컹 짖고, 꼬리를 좌우로 크게 흔들고, 웃는 얼굴에 이빨을 드러내지 않고, 다리를 비롯한 몸 전체에서 긴장감이 느껴지지 않는다면 기쁘고 즐겁다는 사인입니다. 하지만 계속 짖다보면 쾌감이 고조되면서 지나치게 흥분하게 됩니다. 산만한 행동이 계속되기도 하지요.

짖음을 멈추지 않는다면 좋아하는 간식을 활용해 '앉아', '엎드려'를 반복하며 진정시켜 줄 필요가 있습니다.

Point

너무 시끄럽게 굴면 '들어가' 훈련	특히 어린 강아지들이 손님을 보고 더 많이 흥분합니다. 개 자체를 불편해하는 사람도 있기 때문에 이럴 경우 적절한 조치를 취해야 합니다. '들어가' 훈련이 완료된 강아지라면 진정되기까지 자기 공간 안에 머무르도록 유도하는 게 좋습니다.
개도 사람처럼 잠꼬대를 한다	분명 깊이 잠든 줄 알았는데 때때로 '킁', '멍'하고 잠결에 소리를 낼 때가 있습니다. 사람처럼 잠꼬대를 한다고 볼 수 있지요. 때로는 다리를 움찔움찔대기도 하고 네발을 허우적대기도 합니다. 개도 사람과 마찬가지로 깊은 수면과 얕은 수면을 반복한다고 합니다. 얕은 수면에서 우리가 꿈을 꾸듯 혹시 개들도 꿈을 꾸는 게 아닐까요?

높은 톤으로 짖는다

어? 뭔가 있는데!

관심을 끄는 대상이 있다. 살짝 경계 중

가볍게 경계하는 느낌으로 짖는다.
으르렁대는 공격성 짖음과는 달리 이빨을 드러내지는 않는다.

**이럴 때,
이런
속마음**

움직여서 반응했을 뿐이야!

개는 단순히 움직이는 것에 반응해 짖기도 합니다. 사냥 본능이 있기 때문에 본능적으로 움직이는 것에 반응합니다. 개에 따라서는 까치나 참새가 날아다니는 것만 봐도 짖고, 아이들이 공놀이를 하거나 자전거가 지나가는 것만 봐도 짖기도 합니다. 이럴 때의 짖음은 움직임에 대한 본능적인 반응인 경우가 많습니다.

영역 의식이 강해서 짖기도 한다

산책 중, 처음 만난 사람이 개에게 인사하며 다가오는 경우가 있습니다. 이때 영역 의식이 강한 개라면 경계의 의미로 짖기도 합니다. 자신이 허용한 거리를 침범해 낯선 이가 다가오는 것이기 때문입니다. '더 이상 다가오지 마!'라는 사인이지요. 반면, 사람을 좋아하는 개일 경우, 같은 상황에서 환영의 의미로 짖기도 합니다. 또한 공원에서 신나게 뛰어놀 때도 개가 짖는 모습을 흔히 볼 수 있습니다. 이때의 짖음은 즐거움과 기쁨의 표현입니다. 개에게 짖는다는 행위는 본능에 기초한 자연스러운 행동입니다. 단순히 나쁘다고만 봐서는 안 된다는 이야기지요. 그러나 정도가 지나쳐 주변에 폐를 끼칠 정도라면 개를 불러들여 진정시킬 필요가 있습니다.

Point

대상을 향해 집요하게 짖는다면?

산책 중 만난 개나 고양이를 보고 집요하게 짖는다면 어떻게 해야 할까요? 주변에 피해를 주지 않도록 일단 그 자리에서 피해주는 게 좋습니다. 간식으로 개의 관심을 돌린 후, 더 이상 짖지 않는 거리까지 이동하는 게 최우선입니다.

개들 사이에도 궁합이란 게 있을까?

개들 사회에서도 서로 잘 맞는 사이가 있고 만나기만 해도 으르렁대는 사이도 있습니다. 자기보다 덩치가 큰 개를 무서워하는 경우도 있지만 각각의 성격에 의해 개들 사이의 궁합이 결정되는 것으로 보입니다. 소극적인 개의 경우, 컹컹 짖으며 다가오는 활달한 개를 불편해합니다. 겁이 많은 개라면 대부분의 개에게 경계심을 느끼며 불안해하지요. 나이가 관계에 영향을 끼치거나 같은 견종끼리 성격이 잘 맞는 경우도 있습니다.

자기 집에서 낑낑댄다

꺼내줘~

꺼내달라고 어필하고 있다
개집이나 펜스 안에서 낑낑, 끄응, 멍멍 소리를 내며 운다.

밖에 나가고 싶어~

개집 혹은 펜스 안에서 낑낑대는 것은 밖으로 꺼내달라는 의미입니다. 자신을 꺼내줄 수 있는 사람을 향해 높은 톤으로 낑낑대다가 중간중간 짖기도 하지요. 개는 원래 굴속에서 생활했던 동물이라 좁고 어두운 곳을 그리 싫어하지는 않습니다. 그러므로 개집이 좁고 답답해서 낑낑댄다기 보다는 함께 놀고 싶다거나 개집 안에만 있는 게 지루해져서 낑낑대는 경우가 많습니다.

낑낑거림도 요구성 짖음의 하나다

혼자 집에 있다거나 보호자의 모습이 보이지 않아 불안할 때, 개는 작은 목소리로 낑낑대며 웁니다. 보호자를 보고 싶은 마음에 불쌍한 목소리로 낑낑대며 필사적으로 보호자를 찾기도 합니다. 이럴 때 개의 꼬리는 올라가 있고 어딘가 동작도 산만합니다. 의미 없이 여기저기 기웃거리고 불안함에 앞다리를 핥아 대기도 합니다. 문을 집요하게 긁는다거나 불안함에 소파를 물어뜯는 개도 있습니다.

Point

몸을 웅크리고 있다면 아프다는 사인일 수 있다	몸을 웅크린 채 엎드려만 있고, 활기가 없고, 식욕이 없고, 몸을 떨고 있다면 어딘가 아프다는 사인일 수 있습니다. 상태를 잘 살펴보고 이상 징후가 있다면 동물병원에 데려가는 것이 좋습니다.
시끄러울 때에는 집에 들어가도록 유도하자	개집 등 혼자 있을 수 있는 공간을 마련해주는 것은 개의 심리적 안정을 위해서도 꼭 필요한 일입니다. 원래 개는 굴에서 살던 동물이었기 때문에 적당히 좁고 어두컴컴한 곳을 좋아합니다. 앉았을 때 머리가 천장에 닿지 않고 누웠을 때 다리를 펼 수 있을 정도라면 적당합니다. 또한 개집이 있으면 복종 훈련에도 도움이 됩니다. '들어가' 훈련을 통해 참을성과 단념하기를 학습할 수 있기 때문입니다.

상대를 노려보고 으르렁대며 짖는다

오지 마!

상대의 행동이 마음에 들지 않음을 알린다. 상대를 위협 중

낯선 사람, 낯선 개가 다가왔을 때 보이는 행동.

이빨을 드러낸 채 으르렁대며 자신의 의사를 강하게 밝힌다.

**이럴 때,
이런
속마음**

자기 영역에 들어온 사람을 위협한다

이빨을 보인 채 낮은 톤으로 으르렁대는 것은 상대를 위협하고 있다는 사인입니다. 살짝 몸을 낮추고, 네 다리에 긴장감이 흐르고, 귀를 젖히고 있다면 두려움 때문에 상대방을 쫓아내고 싶다는 사인입니다. 집에 조사원이나 배달원이 왔을 때 자주 보이는 행동으로, 모르는 사람이 자기 영역 안에 들어올 것 같다는 두려움에 쫓아버려야겠다는 심리가 발동합니다. 갑자기 달려들 가능성도 크기 때문에 조심해야 합니다.

초인종 소리에도 반응한다

개는 자신이 살고 있는 공간을 자신의 영역이라고 생각합니다. 자기 영역 안에 낯선 사람이 들어오면 낮은 톤으로 으르렁대고 짖으며 불쾌한 마음을 드러냅니다. 더 이상 다가오지 말라는 사인이지요. '초인종이 울린다 → 낯선 사람이 나타난다 → 내 영역으로 들어온다'라는 연상 작용 때문에 초인종 소리만 나도 으르렁대는 개도 있습니다. 반면 사람을 좋아하는 개라면 정반대의 이유로 짖기도 합니다. 누군가의 등장이 반갑기 때문이지요. 똑같은 짖음이지만 표정과 자세, 톤 등을 통해 구분할 수 있어야 합니다.

Point

화가 난 개와 눈을 마주치면 안 된다	이빨을 드러내며 으르렁대는 개가 있다면 눈을 마주치지 않게 조심해야 합니다. 이빨을 드러내는 것은 그것을 사용할 의사가 있다는 것을 의미합니다. 눈을 피한 채 천천히 몸을 움직여 개에게서 멀리 떨어지는 것이 좋습니다.
개에게도 반항기가 있을까?	사람과 마찬가지로 개에게도 반항기가 있습니다. 대체로 6개월부터 한 살 정도까지로, 이 시기의 개들은 자기주장이 강해집니다. 보호자의 지시를 거부한다거나 지정되지 않는 곳에 배변을 하는 등 문제 행동이 늘어나는 시기이기도 합니다. 이 시기 문제 행동이 늘어나는 까닭은 성장기에 동반된 호르몬 분비의 변화 때문입니다. 이때는 개의 행동이 갑자기 바뀌기도 하므로 상태를 잘 관찰해 적절한 대처를 해주는 게 좋습니다.

이빨을 드러내고 낮은 톤으로 으르렁댄다

한판 붙어볼까!

불쾌감, 그만하라는 경고
입술을 들어 올려 이빨을 약간 보인 채 으르렁댄다.
귀도 바짝 세운다. 상대방에게 적의를 드러내고 있는 상태다.

**이럴 때,
이런
속마음**

일단 경고

산책 중, 처음 만난 개나 사람에게 낮은 톤으로 으르렁대는 것은 상대에게 경고
를 보내고 있다는 사인입니다. 우열을 가늠해보고 먼저 싸움을 걸기도 하니 주의
해야 합니다. 이쪽에서 으르렁대기 시작했어도 상대의 반응에 따라 아무 일 없이
끝나기도 합니다. 으르렁대는 경고를 받고 상대방이 물러선다면 싸움으로까지
번지지는 않기 때문입니다. 그러나 상대가 그 경고를 도전으로 받아들이면 곧장
싸움으로 번질 수 있으니 주의해야 합니다.

몸집이 큰 사람, 검은 옷을 입은 사람을 무서워한다

월등한 후각 능력에 비해 개의 시각 능력은 그다지 뛰어난 편이 아닙니다. 어두운 곳에서의 시력은 인간보다 뛰어나지만 밝은 곳에서의 시력은 오히려 인간보다 떨어집니다. 너무 가까운 곳의 사물은 오히려 흐릿하게 보인다고 합니다.

개는 몸집이 큰 사람, 움직임이 크고 거친 사람, 목소리가 큰 사람, 커다란 물건을 들고 있는 사람, 검은색 옷을 입은 사람을 두려워하는 경향이 있습니다. 또한 시각적으로 익숙치 않은 물건을 봤을 때도 비슷한 두려움을 느낍니다. 그런 공포심 때문에 짖는 경우도 많습니다.

Point

이빨을 노골적으로 드러낸다면 주의	개의 이빨은 우리 생각보다 훨씬 더 날카롭습니다. 물리면 깊은 상처를 남기지요. 이빨을 노골적으로 드러낸다는 것은 상대를 언제든 물 수 있다는 신호입니다. 만에 하나 문제를 일으킬 수도 있으니 이빨을 드러내기 시작했다면 개를 데리고 곧장 그 자리를 떠나야 합니다.
길게 하울링하며 상대를 부른다	"아우우~" 하며 높은 톤으로 길게 울부짖는 울음을 하울링이라고 합니다. 소방차, 구급차, 경찰차, 라디오의 알림 방송, 악기 소리에 반응해 하울링을 하기도 합니다. 또한 하울링은 멀리까지 소리가 전달되기 때문에 보호자의 모습이 보이지 않을 경우, 자신의 위치를 알리려는 목적에서 사용하기도 합니다.

꼬리를 좌우로 활발하게 흔든다

신난다!
같이 놀자!

기분이 고양된 상태. 무척이나 행복한 상태

꼬리가 떨어져 나갈 듯 활발하게 흔든다.

꼬리의 움직임에 긴장감이 없고 표정도 편안하다.

이럴 때,
이런
속마음

꼬리를 흔들고 입꼬리도 올라가 있는 경우

꼬리에 긴장감을 빼고 좌우로 활발하게 흔들고 있다면 기뻐하고 있다는 사인입니다. 보호자의 관심을 받았을 때, 자기가 좋아하는 사람이 놀러 왔을 때, 산책 도중 친한 개와 만났을 때 흔히 볼 수 있는 행동입니다.

꼬리뿐만 아니라 몸의 움직임이 경쾌하고, 앞다리를 부산하게 움직이고, 입꼬리가 올라가 있다는 것도 기쁘고 즐겁다는 감정 표현입니다.

꼬리를 치면서도 경계하고 있을 때가 있다

흔히들 개가 꼬리를 흔들면 즐겁고 기뻐하는 것이라 생각합니다. 하지만 꼭 그렇지만은 않습니다. 꼬리에 힘이 들어가 있고 흔드는 속도가 느리다면 경계의 사인이기 때문입니다.

개의 꼬리에는 많은 의사가 담겨 있습니다. 하지만 꼬리의 움직임만으로 개의 속마음을 완벽히 읽어내기는 어렵습니다. 꼬리의 움직임과 함께 몸 전체의 모습을 관찰하는 게 더 중요합니다. 꼬리는 흔들고 있지만 버티고 선 네 다리에서 긴장감이 느껴진다거나, 목덜미 털을 세웠다거나, 이빨을 드러냈다면 상대방을 경계하고 있다는 사인이기 때문입니다. 꼬리를 비롯해 전신의 몸짓 언어로 판단해야 합니다.

Point

갑자기 덤벼들지
못하도록 주의

꼬리를 느리게 흔들며 상대를 경계하고 있다면 긴장의 끈을 놓치지 말아야 합니다. 갑자기 덤벼들거나 순식간에 물 수도 있기 때문입니다. 특히나 모르는 사람이 만지려고 다가오는 경우, 개 물림 사고가 나지 않게 주의해야 합니다.

개와 함께
드라이브를

드라이브를 할 때 기뻐하며 스스로 올라타는 개도 있지만 다리로 힘껏 버티며 차에 타지 않으려는 개도 있습니다. 차에 타긴 했어도 멀미를 하며 힘들어하는 개도 있지요. 이럴 경우 승차 훈련과 함께, 짧은 거리부터 시작해 천천히 시간을 늘려가며 조금씩 적응시켜 주는 게 좋습니다. 자동차 문이 열리자마자 개가 밖으로 튀어나가는 경우도 있는데, 안전벨트에 연결할 수 있는 가슴줄을 이용하면 사고를 예방할 수 있습니다.

꼬리를 흔들며 하반신까지 흔든다

기뻐! 행복해!

기분이 고양된 상태. 무척이나 행복하다

꼬리를 좌우로 흔들며 허리 아랫부분까지 좌우로 흔든다.

**이럴 때,
이런
속마음**

허리를 흔드는 것은 매우 기쁘다는 표현

개에게 하반신 흔들기란 매우 기쁠 때 하는 동작입니다. 거기에다가 꼬리를 힘차게 흔들고, 입꼬리도 올라가 있다면 최고로 행복하다는 사인입니다. 외출했던 보호자가 돌아왔을 때, 산책 도중 사이좋은 개와 만났을 때, 자신을 위해 보호자가 식사 준비를 하고 있을 때, 놀아줄 것 같은 예감이 들 때 자주 볼 수 있는 모습이지요. 앞으로 벌어질 즐거운 일에 대한 기대감으로 가득 차 있는 상태입니다.

사람의 다리에 달라붙어 마운팅을 한다

반려견이 사람의 다리에 껴안고 '마운팅'을 할 때가 있습니다. 수컷이 발정기의 암컷에게 마운팅을 시도할 때는 성적인 의미가 있지만, 때로는 자신이 상대보다 우위에 있음을 표하기 위해 마운팅을 하기도 합니다. 그러나 대부분의 마운팅 행위는 심심풀이나 놀이의 개념, 상대에게 장난을 걸며 함께 놀고 싶다는 의미일 때가 더 많습니다. 그러므로 같은 성별에게 마운팅을 하기도 하고 때에 따라서는 암컷이 수컷에게 마운팅을 하기도 합니다. 개 입장에서는 특별히 이상한 일도 아니지요.

반려견이 마운팅을 시도할 경우 몸을 빼서 거부 의사를 전달하고 개의 관심을 딴 곳으로 돌려주는 게 좋습니다. 특별히 문제 행동은 아니지만 민망한 상황이 생길 수도 있기 때문입니다.

너무 흥분했다면 쓰다듬으며 진정시키자	너무 신이 난 나머지 도무지 흥분을 가라앉히지 못한다면 부드럽게 안아 올려 움직임을 제한해주는 것도 좋습니다. 개가 좋아하는 부분을 가볍게 만져주면 훨씬 쉽게 진정이 됩니다.
반려견 놀이터에서 마운팅을 시작했다면?	앞서 말했듯, 마운팅은 성적인 행위만이 아니라 놀이의 개념일 때가 더 많습니다. 반려견 놀이터에서 신이 난 나머지 다른 개의 꽁무니를 쫓으며 마운팅을 시도하는 경우도 있습니다. 특별히 문제 행동까지는 아니지만 이름을 불러 저지해 주는 게 좋습니다. 상대 개가 마운팅 행위를 싫어할 수도 있고, 그 개의 보호자가 불쾌해할 수도 있기 때문입니다. 그래도 계속해서 시도한다면 개를 데리고 그 자리를 피하는 게 좋습니다.

꼬리를 내린 채 부드럽게 흔든다

기쁠 때, 혹은 상황을 지켜보고 있을 때

꼬리를 뒷다리 쪽으로 내려 좌우로 천천히 흔든다. 털을 세우지는 않았다.

불편한 개와 만나 불안할 때도 이런 행동을 한다

꼬리를 늘어뜨린 채 흔들고 있다면 기쁘거나 불안하기 때문일 수 있습니다. 불편한 사람이나 개와 만났을 때, 싫어하는 물건이 눈앞에 나타났을 때, 자전거, 오토바이, 자동차, 택배 배달용 수레, 스케이트보드와 맞닥뜨렸을 때 그런 몸짓이라면 그 상황이 싫고 불안하다는 표현입니다. 개도 사람과 마찬가지로, 견종이나 성별, 태어날 때부터의 기질, 자란 환경에 따라 성격이 다 다릅니다. 그래서 같은 상황에서도 전혀 다른 반응을 보이는 것이지요.

개의 속마음은 몸 전체를 보고 판단하자

꼬리를 부드럽게 흔드는 동작만으로는 그것이 기뻐하는 것인지 불안해하는 것인지 판단하기가 애매합니다. 상대의 시선을 피하고 고개를 숙인 채 꼬리를 흔든다면 불안하다는 사인입니다. 반면 웃고 있는 듯 표정이 부드럽고 상대의 눈을 바라본다면 기쁨의 표현이지요. 꼬리뿐만 아니라 전신의 상태를 보고 개의 기분을 판단해야 합니다. 특히 꼬리가 짧은 견종일 경우, 개의 기분을 읽어 내는 게 더 어렵게 느껴질 수 있습니다. 이럴 때는 꼬리의 뿌리 쪽을 관찰하면 좋습니다. 뿌리 쪽이 위쪽을 향해 있다면 화가 났다는 사인이고 아래쪽을 향해 있다면 불안하다는 사인입니다. 꼬리 길이와는 상관없이 개의 감정과 꼬리의 움직임은 동일합니다.

Point

**꼬리도 밟히면
아프다**

가끔 실수로 엎드려 있는 개의 꼬리를 밟을 때가 있습니다. 꼬리가 길수록 그런 일이 더 자주 벌어집니다. 꼬리는 등뼈의 연장입니다. 당연히 밟히면 아프고 불쾌합니다. 평소에 꼬리를 밟지 않도록 조심합시다.

**집에서 나갈 때는
차분히**

개를 두고 외출할 때, 혼자 있을 개가 안쓰러워 애틋한 인사를 나누는 보호자가 많습니다. 그러나 사실 인사는 하지 않는 게 더 좋고, 만약 한다고 해도 가능한 짧고 간단한 것이 좋습니다. 애정 가득한 인사와 함께 남겨진 개는 괜히 더 쓸쓸해집니다. 짖는 행위로 그 감정을 해소하고자 하지요. '보호자가 돌아온다＝열렬한 인사로 나를 좋아해준다'고 학습한 개는 보호자가 돌아올 시간이 다가오면 들떠서 안절부절 못하게 됩니다. 그 습관이 쓸데없는 짖음으로 이어질 수 있으니 주의해야 합니다.

꼬리를 가랑이 사이에 말아 넣는다

너무 싫어.
무서워

상당히 불안하고 공포감을 느끼고 있는 상태
고개를 숙이고 몸 전체의 높이를 낮춘다.
꼬리를 뒷다리 사이에 말아 넣는다.

**이럴 때,
이런
속마음**

무서워! 싫어! 두려움에 떨고 있다

꼬리를 가랑이 사이에 말아 넣었다면 두려움을 느끼고 있다는 사인입니다. 무섭고 싫다는 감정이 지배적인 상황이지요. 낯선 사람이나 개를 만났을 때, 모르는 곳에 가게 됐을 때, 큰 소음이 들리는 공사 현장 근처를 지나갈 때, 동물병원에서 치료를 받을 때 등 무언가 두려운 상황에서 흔히 볼 수 있는 몸짓 언어입니다.

자신의 항문 냄새를 맡게 하고 싶지 않다는 표현

개들끼리 만나면 서로의 항문 냄새를 맡기 위해 킁킁댑니다. 개는 후각이 발달한 동물이기 때문에 항문 근처의 항문낭 냄새로 상대가 어떤 개인지, 여러 가지 정보를 얻을 수가 있습니다. 그 냄새로 상대가 자기보다 강하다고 판단하면 '항복'의 의미로 꼬리를 말아 넣기도 합니다. 또한 자기보다 체격이 크고 강해보이는 개와 만나면 '무서워. 상대하지 말자'는 마음 때문에 냄새 탐색 전에 벌써 꼬리를 말아 넣기도 합니다.

Point

꼬리를 세우고 있다면 반격의 가능성	꼬리에 힘을 줘서 빳빳하게 세우고 있다면 상대의 행동에 집중하고 있다는 사인입니다. 상대의 행동이나 반응에 따라 공격할 가능성이 있다는 의미이기도 합니다. 이런 상황이라면 상대 개에게서 눈길을 떼게 만들고 재빨리 딴 곳으로 이동하는 것이 좋습니다.
개가 겁을 먹었을 때	산책 중, 개가 꼬리를 말아 넣고 겁을 먹었다면 어떻게 해야 할까요? 격려해서 극복할 수 있는 경우라면 부드럽게 달래며 산책을 계속합니다. 이럴 경우 간식을 활용하는 게 좋습니다. 지나치게 겁을 먹었다면 그 요인으로부터 벗어날 수 있게 해줍니다. 집에 찾아 온 손님을 무서워하는 경우라면 억지로 접촉시키지 말고 케이지나 펜스 안쪽 등 개가 편안하게 여기는 자기 공간에 머물게 합니다. 강아지 때에는 사회화 과정을 위해 다양한 사람과 접촉하면 할수록 더 좋습니다.

꼬리를 위쪽으로 바짝 세운다

좋아!

기분이 고양되고 자신감이 있는 상태
꼬리에 힘을 주고 위쪽으로 바짝 세웠다.
몸에 긴장감은 없다.

몸집을 크게 보이고 싶다. 자신감을 어필한다

꼬리를 흔들지 않고 바짝 쳐들고 있다면 자신감에 차 있다는 표현입니다. 기분이
꽤나 고조되었을 때의 포즈입니다. 혹은 상대 개에게 자기 몸집을 크게 보이고
싶을 때에도 이런 포즈를 취합니다. 얼굴이 평온하고 움직임이 가볍다면 상대 개
에게 적대감은 없다는 사인입니다. 싸움을 걸 마음은 거의 없는 상태이지요.

꼬리에 힘을 빼고 약간 내리고 있다면

꼬리에 긴장감이 없고 자연스레 아래를 향하고 있다면 평온하다는 사인입니다. 하지만 불안할 때도 꼬리의 방향이 똑같이 아래를 향하고 있기 때문에 몸의 다른 부분도 체크해서 개의 상태를 판단해야 합니다. 표정이 평온하고, 눈길을 피하지 않고, 네 다리에 힘이 들어가 있지 않고, 움직임이 여유롭다면 긴장감이 없고 평온한 상태라고 할 수 있습니다. 시바견 등 평소에 꼬리가 위쪽으로 말려 있는 견종일지라도 여유롭고 평온한 상태일 때에는 꼬리를 내리고 있는 경우가 많습니다.

Point

꼬리를 잡아당기지
말자

아이들은 장난처럼 반려견의 꼬리를 잡아당기기도 합니다. 그러나 꼬리에도 신경이 있기 때문에 강하게 잡아당기거나 밟으면 고통스러워합니다. 꼬리를 잡아당기거나 밟지 않도록 아이들에게 주의를 주고, 평소에도 조심합시다.

꼬리털도 선다?

개에게 꼬리는 상대에게 자신의 기분을 전달하는 중요한 수단입니다. 때에 따라서는 꼬리털까지 세워 자신의 흥분과 분노를 알리기도 하지요. 하지만 꼬리털만 세우는 경우는 없고, 목덜미에서 등까지 털을 세운 후 극도의 흥분 상태가 되면 꼬리 위쪽까지 털을 세우기도 합니다.

험악한 얼굴로 이빨을 드러낸다

오지 말라고!

불쾌감, 그만두길 바라는 행동에 대한 경고
크고 날카로운 소리로 짖으며 이빨을 드러낸다.
귀는 젖혔고 얼굴 표정은 험악하다.

이럴 때,
이런
속마음

오지 마! 싫어, 무서워!

귀를 접고 이빨을 드러낸다는 것은 상대를 견제하고 있다는 사인입니다. 개의 이빨은 인간보다 길고 날카롭습니다. 상대에게 자신의 이빨을 보여주는 것은 그것을 쓸 수 있다는 경고이며, 낯선 사람, 낯선 개가 갑자기 다가왔을 때 자주 볼 수 있는 행동입니다. 목덜미에서 등까지 털을 세운 채 꼬리를 바짝 쳐들기도 합니다.

귀를 세우고 있다면 주의가 필요하다

이빨을 드러내고 있다면 상대를 물 가능성이 높다는 의미입니다. 코 주변에 주름이 지도록 험악한 얼굴에 귀가 바짝 서 있고 이빨을 드러내고 있다면 상대를 제압할 수 있다는 자신감에 먼저 공격을 할 위험성이 다분합니다.

그런 개와 만났다면 제일 먼저 개의 눈을 피하고 가능한 천천히 움직여 그 자리를 떠야 합니다. 빠른 동작은 개를 자극해 달려들게 만들 수 있으므로 각별히 조심해야 합니다.

Point

무는 데에도
단계가 있다

개는 불쾌감을 느끼면 무는 것으로 자신의 감정을 표현하기도 합니다. 무는 강도에도 단계가 있습니다. 이빨 자욱이 남는 정도, 이빨이 박혀 피가 배어나는 정도, 살갗이 찢겨 피가 흐르는 정도, 살점이 찢겨져 봉합이 필요한 정도의 네 가지 단계로 나눌 수 있습니다.

혀의 색깔로
건강 상태를
알 수 있다

건강한 개의 혀는 보통 진한 핑크색입니다. 그런데 갑자기 혀의 색이 푸르스름해졌다면 유심히 살펴봐야 합니다. 심장이나 혈관, 폐 등에 질병 가능성이 있기 때문입니다. 한편 희끄무레한 느낌이라면 빈혈일 수도 있습니다. 어느 쪽이든 혀의 색깔이 달라졌다면 조속히 동물병원의 상담을 받아 보는 게 좋습니다.

살짝살짝 문다

놀자구!

마음을 연 상대에게 하는 행동. 같이 놀자는 의사 전달

이빨을 드러내지 않고 가볍게 문다. 까불까불 장난치고 싶은 기분이다.

이럴 때,
이런
속마음

살짝 무는 것과 진짜 무는 것에는 차이가 있다

보호자의 손을 가볍게 무는 행동은 같이 놀자는 사인입니다. 강아지들은 서로 가볍게 깨물어 대며 까불까불 신나게 놉니다. 이때 활성화되는 뇌의 부위는 공격을 위해 물 때 활성화되는 부위와 전혀 다르다고 합니다.

살짝 깨무는 것이 특별히 문제 행동은 아니지만, 강도 조절은 학습시켜 주는 게 좋습니다. 깨물 때 아팠다면 "아야!" 하고 알려줄 필요가 있지만 일부러 하는 연기는 개에게 금방 들키고 훈련에 역효과를 주므로 주의해야 합니다.

요령껏 피하며 재밌게 놀아주자

살짝살짝 깨물다가 신이 난 나머지 자기도 모르게 힘이 들어가는 경우도 있습니다. 이럴 때 보호자는 당황한 나머지 큰소리로 화를 내기 쉽습니다. 그러나 개로서는 자연스러운 행동입니다. 화를 내거나 저지하기보다는 요령껏 피하며 즐겁게 놀아주도록 합시다. 물고 싶어서가 아니라 단순히 놀고 싶다는 마음에서 나오는 행동이므로, 봉제 인형을 가져와 반려견과 놀아주는 등, 깨무는 놀이보다 더 재밌는 놀이가 있다는 것을 알려주도록 합시다.

Point

심심해한다면
노즈워크 장난감을
활용해보자

스웨덴의 니나오토손에서 출시된 노즈워크 장난감은 반려견이 코를 쓰게 만들자는 콘셉트로 제작된 장난감입니다. 장난감 안에 간식을 숨겨두고 냄새로 찾아내면 먹을 수 있게 만들어져 있으며 난이도에 따라 초급에서 상급까지 다양한 종류로 나뉘어져 있습니다. 반려견의 몸집에 따라 S, M, L 세 가지 사이즈 중 선택할 수 있습니다.

도그 트러블   도그 스마트   도그 파이터

천을 물고 잡아당긴다

에잇! 내 거야!

본능적으로 즐기는 행동
천이나 끈의 끄트머리를 물어 당기며 장난친다.

터그 놀이는 사냥의 흔적

터그 놀이는 개가 좋아하는 놀이 중 하나입니다. 수건이나 천 조각을 물고 와서
는 자기가 좋아하는 보호자와 잡아당기며 놀고 싶어 하지요.

터그 놀이는 사냥의 시뮬레이션이기도 합니다. 개로서는 보호자와 함께 하는 즐
거운 시간이지만 자신도 모르는 사이 사냥 본능이 자극되어 지나치게 흥분하기
도 합니다. 개가 너무 흥분했다면 중간에 일단 멈추고 '앉아', '기다려'를 통해 흥
분을 가라앉혀 주는 게 좋습니다.

신발을 물어뜯는다면 신발을 치우자

개가 신발이나 슬리퍼를 물면 보호자는 곤란합니다. 하지만 개 입장에서는 그 저 천이나 가죽으로 된 물건에 불과하지요. 특히 가죽으로 된 물건일수록 개 에게는 더 매력적으로 다가옵니다. 보호자가 신경을 써주지 못하거나, 혼자 두 고 집을 비웠을 때 그런 물건을 물어뜯는 경우가 더 많아집니다.

개는 불안함, 불만, 심심함을 느낄 때 자신이 좋아하는 행위를 통해 자신의 감 정을 해소하고자 합니다. 개가 물어뜯으면 안 되는 물건은 개가 건드릴 수 없 게 미리 관리해야 합니다. 같이 놀아준다거나 관심을 주지 못할 때에는 자기 공간에 들어가게 해 쓸데없는 피해를 방지하는 것도 좋습니다.

Point

놀이를 끝낼 때는
'이리 내' 훈련

터그 놀이로 신나게 놀아줬다면 마지막에는 장난감을 내려놓는 훈련으 로 마무리하는 것이 좋습니다. 이런 훈련을 통해 장난감에 집착하는 행 동을 미연에 방지할 수 있습니다.

관리를 통해
즐거움 업!

개는 대부분 장난감 놀이를 좋아합니다. 그러므로 언제든 가지고 놀 수 있게 장난감을 꺼내놓고 지내도 별 문제는 없습니다. 하지만 로프나 공 등 보호자와 함께하는 장난감은 보이지 않는 곳에 따로 관리합니다. 가 끔 꺼내 와서 놀아주면 그 즐거움이 한층 더 배가되기 때문입니다. 대신 혼자 물고 빨며 노는 장난감은 개가 언제든 건드릴 수 있는 곳에 놔주도 록 합시다. 물고 놀다가 삼킬 수도 있으니 그런 면에서는 세심하게 살펴 줍니다.

혼이 나는 와중에 하품을 한다

긴장을 풀고 싶다. 기분 전환을 하고 싶다

말썽을 피워 혼이 날 때, 크게 하품을 한다.

이럴 때, 이런 속마음

졸릴 때, 혹은 긴장했을 때

사람은 졸릴 때 하품을 연발합니다. 개도 마찬가지입니다. 하지만 사람과 달리 개는 긴장감을 떨쳐버리고 싶을 때도 하품을 합니다. 말썽을 피워 보호자에게 혼이 날 때, 빗질을 당할 때, 모르는 사람이 만질 때 개가 하품을 한다면 스트레스를 받았다거나 긴장했다는 의미입니다.

입과 코를 혀로 핥는다

아직 맛이 나네~

뭔가 좀 긴장된다···

아까 먹었던 음식 맛이 남았다. 긴장하고 있다
자기 입과 코 주변을 날름날름 핥는다.

입 주변에 묻은 음식 맛을 확인할 때, 혹은 긴장했을 때

사료나 간식을 먹은 뒤 입 주변을 핥는 것은 '아, 맛있게 잘 먹었다'며 입 주변에 묻은 것을 정리하는 몸짓입니다. 전혀 걱정할 것 없는 동작이지요. 때에 따라서는 배고프다는 사인이기도 합니다. 식사와는 상관없이 입 주변을 핥는다면 불안감 이 원인일 수 있습니다. 혀로 핥으며 스스로를 안정시키고자 하는 행동이지요.

혀를 내밀고 헉헉댄다

더워~

더울 때 체온을 떨어뜨리기 위한 행동
산책 도중이나 산책이 끝난 후, 혀를 빼고 헐떡거린다.

**이럴 때,
이런
속마음**

땀샘이 적어서 혀로 체온 조절 중

더운 여름, 혀를 빼고 헥헥대는 모습을 자주 보게 됩니다. 체온을 내리려는 행동
이지요. 사람 눈에는 괴로워 보일 수 있으나 생리적인 현상일 뿐, 걱정할 필요는
없습니다. 개는 사람과 달리 땀샘이 거의 없기 때문에 땀을 흘려서 체온을 조절
할 수가 없습니다. 그래서 입 속 점막과 혀 표면으로 체온 조절을 합니다. 배를 지
면에 붙이고 몸을 식히는 것도 체온을 조절하기 위해서입니다.

덥지도 않은데 혀를 내밀고 있다면?

날이 덥거나, 운동 직후 혀를 내밀고 있다면 체온 조절이 그 목적입니다. 반면 체온과는 상관없이 긴장감이나 불안감 때문에 같은 행동을 하기도 합니다. 평온하거나 지루할 때도 마찬가지입니다. 이럴 때의 호흡은 체온 조절 때와는 달리 다소 편안하다는 차이가 있습니다. 개의 정확한 상태를 파악하고 싶다면 혀뿐만 아니라, 눈, 귀, 꼬리 등 몸 전체의 상태를 잘 살펴봐야 합니다. 단순히 체온 조절 수준이 아니라 병에 의한 발열, 심장이나 폐의 컨디션이 나쁠 때도 혀를 내밀고 헥헥대는 경우가 있습니다.

늘 혀를 내밀고 있다면 치열이나 턱관절 부정교합이 그 원인일 수 있으니 의사와 상담을 해보는 게 좋습니다.

Point

한여름에는 일사병을 주의	개는 사람보다 일사병에 걸리기가 쉽습니다. 몸과 지면의 거리가 훨씬 더 가깝기 때문입니다. 병은 무엇보다 예방이 중요합니다. 폭염 주의보가 내려진 날에는 시원한 곳으로 산책을 가도록 하고, 충분한 물을 수시로 공급해 몸의 열을 식혀줍니다.
산책 중 수분 공급	더운 날의 산책에 물통은 필수입니다. 개는 체온 조절이 쉽지 않은 동물이기 때문에 더운 여름날 산책을 하다가 가벼운 탈수증을 일으키기도 합니다. 혀를 길게 빼고 심하게 헐떡인다면 곧바로 휴식을 취하며 물을 주는 게 좋습니다. 이럴 때 갑자기 물을 많이 마시게 하는 것보다는 조금씩 자주 수분을 섭취하는 게 중요합니다.

자기 다리를 핥는다

심심하군

심심풀이로 털을 가다듬고 있다

자기 다리나 몸을 할짝대며 핥는다. 열중해 있을 때는 말려도 소용없다.

심심해한다. 놀아주길 원한다

개는 지루하고 심심할 때 자기 다리나 몸을 끊임없이 핥기도 합니다. 이럴 경우 개와 함께 여러 가지 훈련을 해도 좋고 공이나 터그 장난감으로 신나게 놀아줘도 좋습니다. 여유가 된다면 산책 횟수나 시간을 늘려주는 것도 좋은 방법입니다.

몸을 끊임없이 핥는다면 이런 이유 때문일 수 있다

집에 혼자 있는 시간이 길어질 때, 가정환경에 변화가 생겼을 때, 개는 자신의 배나 발바닥을 지속적으로 핥기도 합니다. 불안감이 원인이 된 행동이지요. 이렇듯 무의미한 움직임을 지속하는 것을 '정형 행동'이라고 합니다. 일종의 스트레스 반응이라고 할 수 있지요. 지루함을 참지 못해 자기 몸을 핥는 행위도 정형 행동의 일종입니다. 같은 움직임을 반복해 심리적인 안정을 되찾고자 하는 것으로 해석할 수 있습니다.

반면, 관절이나 뼈 등 신체 내부의 통증 때문에 그 부위를 핥는 경우도 있습니다. 피부병으로 인한 가려움이 그 원인일 때도 있습니다.

Point

계속 핥으면 염증을 일으키기도 한다

너무 핥아서 염증이 생길 정도라면 그 부위에 불편한 자극이 있어서 일 수도 있고 무언가 심리적인 요인 때문일 수 있습니다. 만약 심리적인 이유가 그 원인이라면 정형 행동을 개선하는데 더 많은 시간이 걸릴 수도 있습니다.

개도 웃을까?

때때로 반려견이 입꼬리를 올린 채 평온한 눈으로 바라볼 때가 있습니다. 눈을 가늘게 뜨고 웃는 표정을 지을 때도 있지요. 개가 이런 표정을 짓는 이유는 뭘까요? 개도 정말 사람처럼 웃을까요? 여러 해석이 분분하지만 개가 사람의 표정을 흉내내는 것이라는 설도 있습니다.

보호자의 입 주변을 핥는다

네가 너무 좋아~~

마음을 연 상대에게 하는 인사

같이 놀던 보호자의 입 주변을 핥는다. 행복함이 얼굴에 가득하다.

개가 제일 좋아하는 인사

개는 자신이 좋아하는 사람의 입 주변을 핥으며 인사하는 걸 좋아합니다. 이는 개의 조상인 늑대의 습성 중, 사냥에서 돌아온 어미의 입을 핥는 새끼의 행동이 지금까지 이어진 것으로 이해할 수 있습니다. 새끼들이 어미의 입을 핥으면 그 자극으로 위 속의 먹이를 토해내게 됩니다. 그렇게 가져 온 먹이를 새끼들이 먹고 자랐던 것이지요. 그러나 현재의 개들에게 그런 의미는 거의 사라졌습니다. 그저 외출했던 보호자가 돌아왔을 때, 그에 대한 반가움과 애정의 표현 정도로 이해할 수 있습니다.

손을 핥는 것은 좋은 관계의 첫 걸음

보호자의 친구가 놀러왔을 때, 그 사람 주변을 서성대며 여기저기 냄새를 맡다가 손을 살짝 핥는 경우가 있습니다. '네가 마음에 들어. 사이좋게 지내자'는 사인입니다. 이런 행동을 계속하는 개도 있고, 한두 번만 핥다가 그만두는 개도 있습니다.

그러나 모두가 개를 좋아하는 건 아닙니다. 개가 핥는 걸 손님이 싫어할 경우, 그리고 그 개가 소형견이라면 쪼그려 앉거나 자세를 낮추지 말고 일어서기만 하면 문제가 해결됩니다. 하지만 대형견의 경우, 앞발을 들고 서면 사람의 입까지 닿을 수 있기 때문에 '앉아', '기다려' 지시를 통해 개의 움직임을 통제할 필요가 있습니다.

Point

개의 타액을 조심하자	반려견이 귀엽다고 입 안에 혀가 들어갈 정도로 핥게 내버려둬서는 안 됩니다. 개와 사람 사이에 감염되는 병도 있기 때문입니다. 개에게는 증상이 없다가 사람에게만 발병하는 경우도 있으니 개의 타액이 입속에 들어가지 않도록 각별히 조심해야 합니다.
치주병을 조심하자	반려견이 손을 핥았는데 그 침에서 나쁜 냄새가 난다면 치주병을 의심해봐야 합니다. 치주병은 소형견이 잘 걸리는 병입니다. 5살이 넘어가면 병에 걸릴 확률도 급속도로 높아지지요. 음식물 찌꺼기가 가장 큰 원인이지만 타액의 성분과 양, 평상시의 식사 내용과도 관계가 깊습니다. 동물병원을 찾아 치주염 예방법을 상담해보는 것도 좋습니다.

귀를 세우고 한 방향을 주시한다

뭐지?

신경 쓰이는 소리가 들린다. 무슨 소리인지 집중하고 있다

갑자기 일어나 귀를 쫑긋 세운다.

이럴 때, 이런 속마음

흥미를 끄는 소리가 나는 곳을 향해 귀를 기울이고 있다

개는 사람이 들을 수 없는 주파수대의 소리를 들을 수가 있습니다. 사람보다 더 먼 곳의 소리, 더 작은 소리도 들을 수 있지요. 개가 갑자기 귀를 바짝 세운다면 '저 소리는 뭐지?'라며 살짝 긴장한 상태입니다. 소리에 집중하고 있기 때문에 자연스레 귀에 힘이 들어가고, 몸은 소리가 나는 쪽을 향해 있습니다. 잘 자던 개가 벌떡 일어나 같은 행동을 한다면 우리가 듣지 못한 어떤 소리를 들었다는 의미일 수 있습니다.

귀를 세우고 있다 = 자신감이 있다

귀를 쫑긋대고 있는데 얼굴에 긴장감이 없고 다른 몸짓 언어도 즐거워 보인다면 자신이 들은 소리를 '뭔가 즐거운 일이 생길 것 같은 소리'로 해석했다는 의미입니다. 흥미진진, 설레고 있다는 사인이지요. 귀는 세우고 있지만 거기에 긴장의 의미는 전혀 없고 그 소리를 즐기고 있는 상황입니다. 이때 몸은 흥미로운 소리 쪽을 향해 있습니다.

한편 특정 대상을 향해 귀를 바짝 세우고 이빨을 드러낸 채 으르렁댄다면 그 대상을 위협하고 있다는 사인입니다. 경우에 따라서는 상대를 공격할 수 있으므로 주의해야 합니다.

Point

얼굴이 험악할 때는 싸움으로 번지지 않도록	귀를 바짝 세우고, 네 다리에 견고하게 힘이 들어가 있고, 몸에 긴장감이 흐른다면 공격 태세에 돌입했다는 사인일 수 있습니다. 싸움이 날 것 같다면 반려견의 시선을 재빨리 다른 곳으로 돌려줘야 합니다.
귀가 접혀 있는 견종은 귀 속 관리에 신경쓰자	평상시 귀가 접혀 있는 견종일 경우 외이염에 걸리는 경우가 많습니다. 귀 내부의 통기성이 나쁘기 때문이지요. 이럴 경우 귀 청소를 자주 해주는 게 좋은데, 강아지 때부터 습관을 들여 놓으면 성견이 된 후에도 귀 청소를 순순히 받아들이게 됩니다. 귀 주변을 자주 긁는 것 같다면 진료를 받아보는 게 좋습니다.

귀를 젖힌다

무서워…

무서울 때 귀를 젖힌다. 기쁠 때도 귀를 젖힌다

무서울 때는 귀를 젖힌 채 몸의 높이를 낮춘다.
꼬리를 아래로 내려뜨리거나 뒷다리 사이에 말아 넣기도 한다.

이럴 때,
이런
속마음

두려우면 귀를 젖힌다

개의 귀가 누워 있다면 무언가에 겁을 먹었거나 주눅이 들었다는 의미일 수 있습니다. 귀가 늘어져 있는 견종일 경우 귀의 움직임만으로 개의 기분을 추측하기가 어렵기도 합니다. 하지만 이럴 때는 귀와 머리의 연결 부분에 주목하면 됩니다. 미세한 움직임을 관찰하다 보면 감정에 따른 귀의 움직임을 파악할 수 있게 됩니다. 귀를 젖히고 몸의 높이를 낮췄다면 상대에게 겁을 먹었다거나 자신감이 떨어졌다는 것을 의미합니다.

기쁠 때 혹은 비위를 맞출 때에도 귀를 젖힐 수 있다

귀를 젖혔다는 행위 자체는 동일하지만 그 때의 표정이 부드럽고, 신이 나 펄쩍 펄쩍 뛰고, 끙끙 소리를 낸다면 기쁨에 대한 표현입니다. 밥을 먹기 전이나 산책 전, 보호자의 귀가 시 자주 볼 수 있는 모습이지요. 이럴 때 꼬리는 대체로 경쾌하게 흔들립니다.

상대의 기분을 맞춰줘야 할 때도 귀를 뒤로 젖힙니다. 몸은 지면으로 낮추고 꼬리를 가볍게 흔들며 상대의 비위를 맞추려고 하지요. 그럴 때 억지로 눈을 맞추려고 하면 겁을 먹기도 합니다. 시선은 자연스럽게 두고 부드럽게 말을 걸어주면 개가 훨씬 편안해합니다. 이렇듯 귀의 움직임만으로는 개의 정확한 감정을 판단하기는 어렵습니다. 다른 몸짓 언어도 관찰해 종합적인 판단이 필요합니다.

귀가 늘어져 있는
견종일 경우

토이 푸들이나 리트리버 등, 귀와 머리의 연결 부위, 혹은 귀의 중간 지점부터 귀가 늘어져 있는 경우, 감정에 따른 귀의 움직임이 그리 크지가 않습니다. 시바견처럼 평상시 귀가 서 있는 견종에 비해 귀의 움직임으로  개의 감정을 알아채기가 쉽지 않지요. 이런 견종일 경우 귀와 머리의 연결 부위에 주목해, 그 부분의 움직임을 자세히 관찰해보도록 합시다. 다양한 몸짓 언어와 귀의 움직임을 연결시키다 보면 미세한 귀의 움직임만으로도 개의 감정을 이해할 수 있게 됩니다.

코를 실룩대며 냄새를 맡는다

이건 무슨 냄새지?

냄새로부터 자세한 정보를 얻기 위한 행동

코를 지면에 대고 여기저기 분주하게 냄새를 맡는다.

이럴 때, 이런 속마음

냄새로 여러 정보를 얻는다

개는 후각 능력이 뛰어난 동물입니다. 냄새의 종류에 따라 다르지만, 사람의 1억 배가 넘는 후각 능력을 가졌다고도 합니다. 개는 항문선의 냄새만으로 다른 개의 성별, 연령, 몸의 상태, 감정 등 다양한 정보를 얻을 수 있습니다. 그러므로 개들 끼리 엉덩이 냄새를 맡는 것은 서로의 정보를 나누는 중요한 과정이자 인사의 행위입니다. 하지만 다른 개가 자기 냄새를 맡는 걸 싫어하는 개도 있습니다. 이럴 때는 산책줄을 당겨 반려견의 행동을 컨트롤해줘야 합니다.

지면의 냄새를 맡으며 다가간다

개에게 냄새 맡기란 가장 중요한 신체 행동 중 하나입니다. 항문선 냄새를 맡으며 상대 개의 성별이나 성격은 물론, 최근에 뭘 먹었는지까지 알아내려고 합니다.

산책 중 처음 보는 개와 만났을 때, 갑자기 지면을 쿵쿵대며 제자리를 빙글빙글 돌 때가 있습니다. 상대의 냄새를 맡기 전, 긴장감을 털어내고 마음을 진정시키고자 하는 행동입니다. 이 행동에는 상대 개의 긴장감을 누그러뜨려주는 효과도 있습니다.

냄새로 우열이 가려지지 않으면 싸우기도 한다	서로 냄새를 맡다가 갑자기 싸움이 벌어지기도 합니다. 평범하게 냄새를 맡는가 싶더니 순식간에 분위기가 험악해지지요. 냄새로 우열이 가려지지 않고, 물러서려는 개가 없을 때 볼 수 있는 모습입니다. 특히 중성화 수술을 하지 않은 수컷끼리 만났을 때에는 더 조심해야 합니다.
마킹으로 정보 교환	개는 전봇대나 벽에 자기 냄새를 뿌려(마킹 행위) 자신의 영역을 표시하고자 하는 습성이 있습니다. 오줌에는 성호르몬과 페로몬이 포함되어 있습니다. 그 냄새만으로도 상대가 어떤 개인지 여러 정보를 얻을 수가 있지요. 다른 집 벽에 마킹을 하는 등 이웃에 폐가 되는 행동을 할 것 같다면 산책줄을 가볍게 당겨 행동을 저지해줘야 합니다.

보호자와 아이콘택트를 한다

눈이 맞았어.
왜 날 봤을까?

보호자에게 주목하고 있다. 궁금하다. 관심을 끌면서 놀고 싶다
'앉아' 자세를 취한 채 보호자와 눈을 마주치려 한다. 꼬리를 흔들기도 한다.

이럴 때,
이런
속마음

용건이 있을 때 눈을 맞춘다

'아이콘택트'란 보호자와 반려견이 서로의 눈을 바라보는 행위로, 사람과 개의 커뮤니케이션에서 가장 중요한 것 중 하나입니다. 개는 바라는 것이 있을 때 상대의 눈을 보는 습성이 있기 때문에 관심을 받고 싶거나 함께 놀고 싶을 때 보호자와 아이콘택트를 시도합니다. 그 요구에 응해줄 수 있는 상황이라면 보호자도 개의 눈을 부드럽게 바라봐주는 것이 좋지만 만약 개의 요구에 응해줄 수 없는 상황이라면 가능한 개와 눈을 마주치지 않는 것이 훨씬 더 낫습니다. 또한 혼을 내야할 때에는 개와 눈을 마주치는 게 더 효과적입니다.

눈길을 거두지 않는다면 싸움을 준비한다

우연히 만난 개와 스쳐지나갈 때, 서로 시선을 피하지 않고 똑바로 상대의 눈을 응시할 때가 있습니다. 보호자와의 아이콘택트 때와는 사뭇 다른 느낌이지요. 상대의 눈을 본다는 것은 여러 가지 의미로 상대에게 흥미가 있다는 사인입니다. 때에 따라서는 경고의 메시지이기도 하지요. 상대를 명확히 응시하고, 귀를 세우고, 다리에 힘이 들어가 있고, 몸 전체에 긴장감이 흐른다면 싸움 준비에 돌입했다고 볼 수 있습니다. 연령과 체력이 서로 비슷하다고 판단했을 때 자주 발생하는 상황이지요. 어찌 보면 싫어하는 사람끼리 노골적으로 노려보는 사람의 행동과도 비슷한 면이 많은 것 같습니다.

으르렁댄다면 조심하자	상대를 응시한 채 으르렁댄다면 공격할 가능성이 크다는 의미입니다. 일단 반려견의 눈길을 딴 곳으로 돌려주고, 가능한 빨리 둘 사이를 떨어트려 놓는 게 급선무입니다. 서로 간의 일정 거리를 유지하며 서로에 대한 긴장감을 떨쳐버릴 수 있게 도와주는 게 좋습니다.
개는 어두운 곳에서 더 잘 보인다?	개의 시력은 어두운 곳에서는 사람보다 뛰어납니다. 그러나 밝은 곳에서는 사람보다 오히려 시력이 떨어집니다. 개의 안구에는 빨간색을 구분하는 시세포가 거의 없으며, 세 가지 색 정도의 명암 차이로 사물의 색을 구분하는 것으로 알려져 있습니다. 움직이는 것을 캐치하는 동체 시력은 뛰어나지만 너무 가까이 있는 사물은 제대로 구분해내지 못한다고 합니다. 즉, 가까이 보고 싶어 보호자가 얼굴을 가져다 댈수록 개의 눈에는 보호자 얼굴이 더 흐릿하게 보인다는 이야기지요.

눈이 촉촉해진다

눈물을 배출해 눈을 보호하고 있다

눈을 크게 뜨고 보호자를 올려다본다.
마치 글썽대는 것처럼 보인다.

눈동자가 촉촉해지는 것은 생리적인 현상이다

반려견이 촉촉한 눈망울로 나를 바라볼 때, 그 모습이 너무 사랑스럽게 느껴지기도 하지요. 무언가를 눈빛으로 전달하고 있다는 기분이 들어 나도 몰래 와락 껴안거나 쓰다듬어 주게 됩니다.

하지만 개의 눈이 촉촉해지는 것은 감정과는 상관없는 생리적인 현상입니다. 눈의 보호를 위해 눈물샘이 눈물을 조금씩 내보내는 것으로, 눈이 크거나 돌출되어 있는 견종에서 더 자주 볼 수 있습니다.

슬퍼서 흘리는 눈물이 아니다

가끔 개도 눈물을 흘립니다. 하지만 감정이 개입하지 않는 생리적인 현상입니다. 사람 눈도 먼지나 흙이 들어가면 자동적으로 눈물이 납니다. 눈을 보호하기 위해 눈물샘이 눈물을 내보내기 때문입니다. 개도 마찬가지입니다. 개의 눈물을 슬픔과 연관 짓기 쉽지만, 인간과 달리 개에게는 슬프다는 감정이 존재하지 않습니다.

반려견의 눈이 자주 젖어있다면 수시로 눈물을 닦아줄 필요가 있습니다. 털이 붉게 변하는 '눈물 자국'이 콧등까지 이어질 수 있기 때문입니다. 결막염 등 치료를 요하는 질병이 눈물의 원인일 수도 있으니 눈 상태를 수시로 살펴봐 주도록 합시다.

Point

눈물 양이 많아졌다면 병을 의심해보자	눈물의 양이 갑자기 많아졌다면 결막염이나 각막염 같은 안과 질환을 의심해볼 수 있습니다. 특히 눈곱이 심해졌다면 다른 질병일 가능성도 높아지기 때문에 병원을 찾아 검진을 받아보는 게 좋습니다.
견종에 따라 성격 차이가 있을까?	개의 기질은 목양견, 조렵견, 가정견 등 그 뿌리와 견종에 따라 나누어집니다. 경계심이 강한 성격, 예민하고 신경질적인 성격, 충직하고 온화한 성격, 사람을 잘 따르는 성격 등 견종에 따라 성격적 특징을 대략적으로 나눠 구분하기도 하지요. 하지만 같은 견종 안에서도 개체의 성격은 제각각 다르기 때문에 이런 식의 일률적인 구분에는 한계가 따르기 마련입니다.

시선을 피해 눈을 돌린다

나와는
상관없는 일이야

지금의 상황에 관여하고 싶지 않음을 드러내는 행동
눈이 마주치지 않도록 다른 방향을 본다. 상대의 시선을 모르는 체 한다.

**이럴 때,
이런
속마음**

그 상황에 끼고 싶지 않을 때 눈을 피한다

눈이 마주쳤는데 시선을 돌린다면 '그 상황을 외면하고 싶다. 상관하고 싶지 않다'는 사인입니다. 보호자에게 혼이 날 때는 물론, 다른 개의 놀자는 권유가 귀찮을 때, 다른 개의 호전적인 태도를 외면할 때 즉, 상대의 권유나 지금의 상황을 받아들이고 싶지 않을 때 상대의 시선을 피하는 것으로 자신의 의사를 표현합니다.

자신을 억누르기 위해 눈을 피할 때도 있다

엄청 좋아하는 밥을 줬는데 시선을 피해 눈을 돌린다…. 보호자로서는 이상하게 느껴질 행동이지만 이것은 개가 자신의 기분을 억제하고 있기 때문입니다. 사실은 당장 밥을 먹고 싶지만 자신을 억제하는 행동입니다.

밥을 주고 기다리게 하는 견주도 많지만 서열에 따라 다른 개의 식사가 끝났다면 기다릴 필요가 없습니다. 밥을 앞에 두고 개를 너무 오래 기다리게 하는 것도 불쌍한 일이니 빨리 밥을 먹게 합니다. 그것과는 별개로 '기다려'는 여러 가지 상황에서 도움이 되므로 확실히 교육합니다.

Point

불안한 기분 때문에 시선을 피하기도 한다	다른 개와 만났을 때 시선을 피한다면 불안감이 그 원인일 수 있습니다. 만약 반려견의 몸에서 긴장의 징후가 느껴진다면 부드럽게 등을 쓰다듬으며 긴장감을 풀어주는 게 좋습니다.
개의 시야는 사람보다 넓다?	인간의 시야각은 좌우 약 200도 정도 됩니다. 한편 개의 시야각은 인간보다 넓어, 대략 230~270도 정도 됩니다. 여러 견종 중 얼굴 폭이 좁고 머즐(코끝에서 입까지) 길이가 긴 견종, 사냥견으로 활동하던 견종일수록 시야각이 훨씬 더 넓어집니다. 움직이는 사냥감을 쫓아야 했던 견종의 특성상 시각 능력이 발달하는 쪽으로 진화한 것이라 볼 수 있습니다.

상대를 응시한다

용건 있어?

상대의 상태가 궁금하다. 관여하고 싶은 마음 상태
상대의 모습을 지그시 바라본다.

눈길을 피하지 않는다 = 내가 먼저 물러설 생각은 없다

낯선 개와 만났을 때 상대를 빤히 응시한다는 것은 상대가 어떻게 나오는지 주시
하고 있다는 의미입니다. 어떤 식으로든 상대의 반응에 응하겠다는 의미이기도
하지요. 서로 노려보다가 싸움이 벌어지는 것도 그 때문입니다. 특히 각자의 보호
자(리더)와 함께라면 더 쉽게 싸움이 촉발됩니다. 충분한 주의가 필요한 상황이지
요. 서로 눈길을 거둘 기미가 없다면 산책줄로 유도해 그 자리를 피해주는 게 좋
습니다.

한쪽 발만 살짝 든다

아~ 곤란한데…

자신이 없다. 지금 상황에 관여하고 싶지 않다

한쪽 다리만 살짝 들고 있다. 앉아 있을 때 자주 취하는 포즈다.

이럴 때, 이런 속마음

자신감 결여의 표현

한쪽 발을 살짝 들고 있다면 상대에 대한 적대심은 전혀 없는 상태입니다. 또한 그 상황에 관여할 만한 에너지도 없고, 그냥 자신을 내버려뒀으면 좋겠다는 사인일 경우가 많습니다. 소심한 개가 무언가에 불안해졌을 때 자주 취하는 동작입니다.

뒷다리를 접어 몸을 낮춘다

즐거워!

기쁘다. 상대의 행동에 반응을 보인다. 함께 놀고 싶다
몸은 낮추고 있지만 얼굴은 위를 향하고 있다. 온몸에 생기가 돈다.
앞발을 가볍게 움직이며 꼬리를 좌우로 흔들기도 한다.

이럴 때, 이런 속마음

기쁨과 즐거움으로 가득

뒷발을 접어 엉덩이를 낮춘 채 앞발을 연신 앞으로 쭉 내민다면 '기쁘다' 혹은 '같이 놀고 싶다'는 사인입니다. 마치 장난을 걸 듯 보호자를 향해 앞발을 바쁘게 휘젓기도 하지요. 기운이 넘치고 에너지가 남아돌 때 자주 볼 수 있는 움직임입니다. 몸을 써서 놀아주거나 산책을 하면 좋습니다.

다정하게, 그러나 지시어에 복종할 수 있게

보호자가 소파에 앉아 편안한 시간을 보내고 있을 때, 다리를 접은 채 낮은 자세로 다가오는 경우가 있습니다. 보호자 곁에 앉고 싶어서 하는 행동이기 때문에 그럴 때는 개를 소파 위로 올려줘도 괜찮습니다. 사람과 같은 높이에 앉히면 개가 그 사람을 자기 서열 아래로 본다는 설도 있지만, 사실 그렇지는 않습니다. 그저 보호자 곁에 있고 싶을 뿐, 가족으로서 당연한 욕구로 볼 수 있지요. 그러나 발밑에 내려놓으려고 할 때 으르렁대거나 입질을 한다면 당연히 복종 훈련이 필요합니다. '내려가'라는 보호자의 지시를 들었을 때 좋은 일이 생긴다는 사실을 학습시킬 필요가 있습니다.

Point

사람을 무서워하는 개	사람에 대한 두려움을 없애는 데는 시간이 걸립니다. 개가 자연스레 두려움을 떨쳐낼 수 있을 때까지 조급해하지 않는 마음가짐이 필요합니다. 특히 예전에 학대를 당한 경험이 있다면 더 그렇습니다. 좀 더 긴 호흡으로 바라보고 느긋한 마음으로 대해주는 게 중요합니다.
개와 사이좋게 지내기	처음 만난 개에게 무작정 다가가 눈을 맞추려는 경우가 있습니다. 개와 친해지고 싶다는 마음은 충분히 이해가 갑니다. 그러나 개의 입장에서 보면 낯선 사람, 혹은 자신이 불편해하는 타입이 다가왔을 때 공포심을 느끼기도 합니다. 개가 두려워하는 것 같다면 억지로 눈을 맞추려고 하거나 일부러 다가가지 않는 게 좋습니다. 말을 건다거나 만지려 드는 행동도 피해야 합니다. 가만히 기다려주면 훨씬 더 빨리 친해질 수 있습니다.

앞다리로 버티며 움직이려 하지 않는다

싫어!
가기 싫다고!

그쪽으로 가기 싫다. 움직이기 싫다

앞다리로 완고하게 버틴다. 산책줄을 당겨도 움직이려 하지 않는다.

이럴 때,
이런
속마음

가기 싫어하는 쪽으로 잡아당기지 말자

산책 중 앞다리를 뻗어 버티는 것은 보호자가 유도하는 방향으로 가고 싶지 않다
는 의사 표현입니다. 과거의 나쁜 경험 때문 일수도 있고, 단순히 그쪽 말고 다른
쪽으로 가고 싶다는 욕구 때문일 수도 있습니다. 이럴 경우, 억지로 산책줄을 잡
아당겨서는 안 됩니다. 그럴수록 버티는 행동이 더 심해질 뿐이기 때문입니다. 그
자리에 주저앉았다면 조급해하지 말고 개 스스로 보호자 쪽으로 움직일 때까지
기다려주는 게 좋습니다.

산책 시 매너 지키기

개는 자기가 지나간 길에 흔적을 남기기 위해, 혹은 자신의 영역을 표시하기 위해 전봇대 등 수직의 물체에 마킹 행위를 합니다. 가능한 힘껏 다리를 들어올려 높은 위치에 마킹을 하는 까닭은 다른 개에게 자기 몸집을 최대한 크게 어필하기 위해서입니다. 그러나 아무 곳에나 마킹을 하게 내버려둬서는 안 됩니다. 이웃집 대문이나 담 등에 마킹을 해서는 곤란하지요. 산책에도 매너가 필요합니다. 개의 요구에 무작정 끌려가기보다는 개가 마킹을 포기할 때까지 기다려 주고 마킹이 가능한 다음 장소로 이동하는 게 좋습니다. 오줌을 눴다면 그 자리에 물을 뿌려 가볍게 청소를 해줍니다.

Point

오늘은 피곤하다는 사인일 수도	산책 중 움직이려 하지 않고 버틴다면 그날 몸 상태가 나쁘다는 사인일 수도 있습니다. 힘들어 보이면 억지로 걷게 하지 말고 산책을 중단하는 게 좋습니다.
산책 후 발을 꼭 닦아야 할까?	신발을 신고 생활하는 외국과는 달리, 우리는 맨발로 생활하기 때문에 바닥이 더러워지는 게 신경이 쓰일 수밖에 없습니다. 풀숲이나 흙에서 놀게 했다면 발을 닦거나 씻어주면 좋습니다. 샤워기를 쓴다면 발바닥 구석구석을 꼼꼼하게 헹궈줘야 합니다. 발바닥 패드 사이에 염증이 생길 수도 있기 때문입니다. 간단히 닦아줄 때는 발 걸레 대신 물티슈를 사용해도 편리합니다.

보호자를 앞발로 건드린다

그거, 나도 줘!
내게도 관심 좀!

상대의 관심을 끌어 요구 사항을 전달하고 싶은 상태

보호자가 식사를 하고 있거나 뭔가에 열중하고 있을 때
앞발을 보호자에게 올리거나 툭 건드린다.

뭔가 달라거나 관심을 가져달라는 사인

마치 사람이 "저기요"라고 말을 걸 듯. 반려견이 보호자를 앞발로 툭 건드리거나 가볍게 긁을 때가 있지요. 이는 개가 원하는 것을 조를 때 보이는 행동입니다. 보호자가 뭔가 먹고 있을 때 그런 행동을 한다면 자기도 먹고 싶다는 의미입니다. 보호자가 TV를 본다거나 뭔가에 열중하고 있다면 관심을 받고 싶다는 의미입니다. 그러나 개가 이런 행동을 할 때마다 요구에 응해주면 매번 졸라대는 버릇이 들 수 있으므로 주의해야 합니다.

앞발을 계속 올리게 해서는 안 된다?

가끔은 턱 하니 보호자의 팔다리에 자기 앞발을 올려두고 있을 때가 있습니다. 보호자가 TV를 본다거나 할 때 자주 볼 수 있는 행동이지요. 뭔가 하고 싶은 말이 있는 건지, 보호자 눈에는 마냥 귀여워 보이는 모습입니다. 일설에 의하면, 개의 이런 행동을 허락하면 자신이 보호자보다 우위에 있다고 착각하게 된다고 합니다. 그러다 보면 개가 보호자의 말을 듣지 않게 된다는 이야기지요. 하지만 꼭 그렇지만은 않습니다. 개가 '그만'이라는 보호자의 지시어에 따르고 둘 사이의 커뮤니케이션이 원활하다면 전혀 문제가 없기 때문입니다. 반려견의 마음을 잘 이해해주며 즐거운 시간을 보내도록 합시다.

주도권은 보호자가   반려견이 사랑스러운 나머지 뭐든 원하는 대로 하게 해주면 결국 내 말을 듣지 않는 개가 됩니다. 필요한 상황이라고 판단되면 보호자가 주도권을 잡고 개를 리드하는 습관을 들여야 합니다.

발바닥 패드도   만지면 탱글탱글하면서도 부드러운 발바닥 패드. 하지만 산책 길의 바닥
관리해주자   때문에 거스러미가 일기도 하고 노화 현상 때문에 딱딱해지다가 갈라지는 경우도 있습니다. 때로는 찰과상으로 껍질이 벗겨지기도 하고 날카로운 것에 베이기도 합니다. 산책 후 매일 살펴봐 주는 게 좋습니다. 신발을 신지 않고 걷는 개에게 발바닥 패드는 소중한 신체 부위입니다. 과보호까지 할 필요는 없지만, 거칠거칠한 피부 상태나 상처가 신경 쓰인다면 약이나 발바닥 패드용 크림을 발라주면 좋습니다.

몸을 웅크린 채 움직이지 않는다

추워~

졸리거나 춥거나 몸 상태가 나쁘거나한 상태
네 발을 몸 안으로 파묻고 움츠린 채 가만히 있다.

추위를 힘들어 하는 견종도 있다

쌀쌀한 날, 몸을 둥그렇게 말고 웅크리고 있다면 추위 때문입니다. 사람도 추우면
몸을 움츠리듯 개도 마찬가지입니다. 조금이라도 몸을 더 작게 만들어 체온을 빼
앗기지 않으려고 하지요. 특히 추위에 약한 견종에서 자주 볼 수 있는 행동입니다.
시베리안 허스키처럼 추운 지역에 적합한 견종도 있지만 치와와 같은 초소형견
이나 털이 짧은 견종은 추위에 취약합니다. 추위에 대한 대비책을 확실히 세워
주는 게 좋습니다.

축 처져 있다면 주의가 필요하다

잔뜩 몸을 웅크린 채 미세하게 떨고 있다면 질병의 가능성을 염두에 둬야 합니다. 개는 몸이 불편할 때 움직이려 들지 않습니다. 귀는 내리고 꼬리는 말아 몸 쪽에 붙인 채 꼼짝 않고 엎드려 있기도 하지요. 반려견이 이런 행동을 보인다면 발열로 인한 한기로 떨고 있다거나 관절이나 몸 어딘가에 통증을 느끼고 있다는 징후일 수 있습니다. 일단은 온몸을 만져보며 통증을 호소하는 곳이 없는지 확인해봅시다.

평소 모습과 다르고 활기가 없어서 걱정된다면 동물병원에 데려가 보는 것도 좋습니다. 식사나 배변 등 평소 상태와 현재 상태를 비교해 의사에게 전달하면 진료에 도움이 됩니다.

Point

식욕이 없고 산책을 거부할 때

웅크린 채 움직이려 들지 않고, 산책을 거부하고, 식욕도 전혀 없고, 먹은 걸 토해낸다면 질병에 걸렸을 가능성이 상당히 큽니다. 이럴 때는 동물병원에 데려가도록 합시다.

양파는 절대 금물!

개가 먹어서는 안 되는 것들이 있습니다. 그 대표적인 음식이 양파입니다. 양파 속에 포함된 물질이 혈액을 파괴해 빈혈과 혈뇨 증상을 일으키기 때문입니다. 초콜릿과 껌도 피해야 합니다. 개가 초콜릿을 먹으면 경련과 발작을 일으키기도 합니다. 껌 속 자일리톨 성분은 개의 혈당을 급속히 떨어뜨릴 수 있습니다. 생명과 관련된 위독한 상황을 초래할 수 있으므로 개가 먹지 못하도록 주의해야 합니다.

점프해서 보호자에게 달려든다

신난다!
어서 와!

기분이 좋다. 보호자의 얼굴에 더 가까이 다가가고 싶다

보호자의 얼굴을 보며 점프해서 달려든다. 즐거운 듯 좌우로 꼬리를 신나게 흔든다.

이럴 때, 이런 속마음

달려드는 것은 행복함의 표현

혼자 집을 지키던 중 보호자가 돌아오면 신나게 점프하며 반갑다고 달려듭니다. 잠시 나갔다 왔을 뿐인데도 매번 열렬한 환영이지요. 개는 얼굴을 핥으며 인사를 하고 싶어 하는 동물입니다. 그래서 점프를 하며 자기 얼굴을 보호자 얼굴 가까이 가져가려고 하지요. 점프를 멈추게 하고 싶다면 개의 눈높이에 맞춰 몸을 숙이거나 앉아주면 됩니다. 개가 너무 흥분했다면 '앉아' 자세를 취하게 하고 잠시 흥분을 가라앉혀 주는 게 좋습니다.

아무에게나 달려든다면 위험하다

반갑다고 달려드는 행동이 습관이 되어서는 곤란합니다. 산책 중 만난 낯선 사람, 집에 온 손님에게도 달려들 수 있기 때문입니다. 개를 무서워하거나 불편해하는 사람도 있고, 노인이나 어린아이일 경우 개에게 밀려 넘어질 수도 있으니 위험한 행동이지요. 이럴 경우, 간식 훈련을 통해 사람에게 달려드는 습관을 교정해줘야 합니다. 달려들 것 같으면 '앉아' 자세를 취하게 하고, 개가 그 지시어에 따랐다면 간식으로 보상합니다. 행동을 하기 전 개를 자리에 앉혀 행동을 저지하는 것이 이 훈련의 포인트입니다. 밖에 나갈 때마다 개가 좋아하는 간식을 지참해, 같은 훈련을 반복해 보도록 합시다.

손님이 올 때는
개집이나 펜스 안으로

가끔은 달려든 개의 손톱에 손님의 옷이 망가지는 경우도 있습니다. 개는 반가워서 하는 행동이지만 이 행동 때문에 전전긍긍하는 보호자도 많습니다. 손님이 방문할 예정이라면 개집이나 펜스 안에 개를 잠시 격리시켜 두는 것도 좋습니다.

양손이 자유로워
편리한 슬링백

아기를 안을 때 포대기나 아기띠가 있으면 편리하지요. 마찬가지 이유로 반려견용 슬링백이 큰 인기를 끌고 있습니다. 보호자가 양손을 자유롭게 쓸 수 있기 때문에 짐이 많을 때 특히 유용하고 개의 상태를 수시로 체크할 수 있어 소형견에게 편리한 아이템입니다.

자기 꼬리를 쫓아 빙빙 돈다

뭔가 있어!

기분이 살짝 고양된 상태. 심심풀이 삼아 하는 행동
자기 꼬리의 움직임을 쫓아 뱅글뱅글 즐겁게 돈다.

이럴 때,
이런
속마음

움직이는 것을 쫓고 싶은 본능적인 행동

개는 움직이는 것에 본능적으로 반응합니다. 몸을 돌리면 꼬리도 따라 움직입니다. 이때의 움직임이 도망치는 듯 느껴지는 건지, 마치 사냥감을 쫓듯 꼬리를 쫓아 뱅글뱅글 돕니다. 개에게 이런 행동은 심심풀이 행동이기도 하고, 즐거움의 표현이기도 하고, 초조함을 해소하기 위한 행위이기도 합니다. 스트레스 상황 하에서 이런 행동을 하게 된다는 설도 있습니다.

불쾌감으로 인한 스트레스 발산?

자기 꼬리를 향해 뱅글뱅글 도는 반려견의 모습이 보호자 눈에는 그저 즐거워 보일 수 있는 모습이지만 사실 꼭 그렇지만도 않습니다. 자신이 싫어하는 목욕이나 빗질을 해야 할 때, 보호자와 떨어져 반려견 호텔에 맡겨질 때, 평소에는 가지 않는 낯선 곳에 데려갔을 때 개의 스트레스 지수는 높아집니다. 이럴 경우 쌓인 스트레스를 발산하기 위해 자기 꼬리를 향해 빙빙 돌기도 하기 때문입니다. 그만두라는 말에도 멈출 기미가 없다거나 꼬리를 씹어 상처까지 냈다면 이상 행동으로 번질 가능성도 큽니다. 반려견 행동 전문가(의사, 훈련사)와의 상담이 필요합니다.

Point

주목받고 싶어서 하는 행동일 수 있다	꼬리를 쫓아 빙빙 돌 때 "안 돼!", "그만둬!"라고 혼을 내면 주목받았다고 착각하는 개도 있습니다. 주목받았다는 기쁨에 같은 행동을 반복하기도 하지요.
혼을 내야 할 때는 이름을 생략하자	반려견이 뭔가 말려야 할 행동을 하고 있을 때, 이름을 불러 주의를 환기시키고 혼을 내는 경우가 많습니다. 하지만 이럴 경우 이름은 생략하는 게 좋습니다. '이름을 부른다＝혼이 난다'는 연결성을 학습한 개는 보호자가 이름을 불러도 모른 척 하거나 그 지시에 따르지 않게 됩니다. '이름을 부른다→보호자에게 간다→좋은 일이 생긴다'고 학습한 개는 보호자의 호명만으로 보호자 곁에 돌아올 확률이 높아집니다.

배를 보인다

대립할 생각이 없다, 혹은 만져주길 바란다

데구르르 몸을 돌려 배를 보인다.

상황을 모면하기 위한 포즈

개가 급소인 배의 서혜부를 보이는 것은 자신의 가장 약한 부분을 보여주면서 상대방의 공격 의사를 누그러뜨리려는 본능적인 몸짓입니다. 보호자에게 혼이 날 때 자주 볼 수 있는 모습이지요. 한편 어떤 상황을 모면해 넘기고 싶을 때에도 가볍게 배를 보이는 경우가 많습니다. 꾸중을 듣는 상황이 아닌데 배를 보인다면 만져달라는 요구 때문이기도 합니다.

'내가 졌다'는 복종의 포즈이기도 하다

개는 무리를 지어 생활했던 동물이기 때문에 상황과 장면에 따라 무리 속에서 서열을 짓는 습성이 있습니다. 배를 보이는 것은 상대의 우위를 인정하는 행위로, 쓸데없는 서열 다툼을 줄이는 데 유용한 몸짓 언어입니다. 만약 다툼이 발생했더라도 상대가 자기보다 우위에 있다고 판단하면 그 즉시 배를 뒤집어 보여줍니다. '항복'의 의사인 것이지요. 복종의 포즈라고 일컬어지는 이런 동작은 그 상황을 안전히 넘기기 위한 수단이기도 합니다. 상대에게 항복의 의사가 제대로 전달되면 더 이상 공격하지 않기 때문에 중상을 입는 일 없이 싸움은 거기에서 끝이 납니다.

Point

릴렉스 포지션

강아지의 교육 중에 '릴렉스 포지션'이라 하여 보호자 무릎 사이에 배를 보이게 눕히는 동작이 있습니다. 강아지의 긴장을 풀어주는 동작으로, 보호자와의 주종관계를 확실히 하는 효과도 있다고 합니다. 하지만 어미나 다른 성견에게 배를 보이는 경험을 해보지 못한 강아지라면 온몸을 버둥대며 무서워하기도 합니다. 억지로 몸을 뒤집거나 누르지 않도록 주의합니다. 개의 기질에 따라서는 보호자와의 관계가 오히려 악화될 수도 있기 때문입니다.

불쌍한 표정으로 머리를 약간 숙인다

뭔가 싫은데…

불안하다. 겁을 먹었다
머리가 약간 아래로 향한다. 귀도 접힌 상태다.

불안감의 표현. 겁을 먹은 상태일 수도

고개를 약간 숙이고 있다면 무언가에 불안해하는 상태입니다. 낯선 개를 만났다 거나, 원래부터 무서워하던 대상 때문에 불안할 때 이런 행동을 취합니다. 입꼬 리가 처지고, 눈에 힘이 없고, 귀가 접혀 있다면 겁을 먹고 두려워하고 있다는 사 인입니다. 꼬리를 말아 뒷다리 사이에 숨겼다면 뭔가 무서운 일이 있었다는 것을 의미합니다. 굉음이 났다거나 동물병원처럼 싫어하는 곳, 낯선 장소에 가게 됐을 때 이런 몸짓을 하는 경우가 많습니다.

여러 마리의 개를 키울 때

**다견 가정에서는
첫째를 최우선으로**

최근, 반려견 여러 마리와 생활하는 '다견 가정'이 늘고 있는 추세입니다. 두 번째 반려견을 맞이할 때에는 개를 보살필 수 있는 시간적 여유, 경제적인 면까지 충분히 고려해 결정하는 게 좋습니다.

개는 무리 생활을 하던 동물입니다. 그러므로 그 습성을 잘 활용하기만 한다면 개의 입장에서도 다견 가정은 좋은 선택일 수 있습니다. 새 반려견 식구를 들였다면, 애정 표현, 식사, 산책 순서 등 모든 면에서 첫째에게 우선권을 줘야 합니다. 같은 견종일수록 궁합이 좋다는 말도 있지만 꼭 그런 것만은 아니니 특별히 견종에 제한을 둘 필요는 없습니다. 연령이나 성별도 마찬가지입니다. 그러나 비슷한 나이대의 수컷 혹은 암컷끼리는 서로 견제하느라 싸우기도 하니 적응 기간이 필요합니다.

3장

조심해야 할
반려견의
질병과 홈케어

몸의 이상을 보여주는 사인

무기력한 듯 엎드려 있다

평상시와는 달리 기운이 없다. 좋아하는 장난감이나 음식에도 적극적인 반응이 없다.

**이럴 때,
이런
속마음**

기운이 없고 움직이려들지 않을 때

움직이려 들지 않고 엎드려만 있다면 몸 상태가 나쁘기 때문일 수도 있습니다. 어딘가 다쳤을 가능성도 있지요. 평상시 모습을 잘 관찰해 두면 이럴 때 도움이 됩니다. 반려견의 상태가 보통 때와 다른 느낌이라면 질병을 염두에 두고 다시 한 번 살펴보도록 합시다. 만약 병원에 데려갔다면 컨디션이 나빠지기 전에 있었던 일, 혹은 상태의 변화에 대해 꼼꼼하게 전달하는 게 진료에 도움이 됩니다.

푹 쉬고 난 후 기운을 차리는 경우도 있다

가끔은 특별히 아픈 곳이 없는데도 보호자의 부름에 심드렁한 반응을 보일 때가 있습니다. 너무 과하게 놀았다거나 심한 스트레스를 받아 피곤할 때도 비슷한 반응을 보이지요. 이럴 경우 푹 쉬고 나면 기운을 차리므로 크게 걱정할 것은 없습니다. 그 외의 증상 유무만 관찰해주면 됩니다.

몸의 특정 부분을 만졌을 때 싫어한다거나 머리를 아래로 향한 채 걷는 게 괴로워 보인다면 병원에 데려가 검진을 받아보는 게 좋습니다. 첫날은 괜찮다가도 다음 날 이상 반응(식욕이 없다. 움직이지 않고 엎드려만 있다)을 보이기도 하니 반려견의 상태를 잘 관찰해 필요하다면 병원의 도움을 받는 게 좋습니다.

Point

단골 병원을 만들어두자	반려견에게 주치의를 만들어 주는 게 좋습니다. 그간의 병력을 파악하고 있기 때문에 만일의 사태에 재빠른 처치가 가능하기 때문입니다. 집 근처에 단골 병원을 정해두면 편리합니다. 또한 야간이나 휴일 진료가 가능한 동물병원을 미리 체크해둘 필요도 있습니다.
개도 스트레스를 받을까?	싫은 일을 당하거나 무서운 일을 겪을 때 개도 사람처럼 스트레스를 받습니다. 지나친 스트레스로 인해 경계 반응이나 과잉 반응을 보이기도 하지요. 하지만 개의 모든 반응을 그저 스트레스라고 치부하고 가볍게 넘겨서는 곤란합니다. 치료가 필요한 질병을 못보고 놓칠 수도 있기 때문입니다.

질병의 징후를 놓치지 말자

식욕이 없다

반려견의 식욕 부진은 흔히 볼 수 있는 현상입니다. 기분상의 이유도 있고, 예전에 먹었던 맛있었던 간식 때문에 다른 걸 달라는 칭얼거림일 수도 있지요. 하지만 식욕 부진 상태가 장기간 이어진다면 다양한 질병을 의심해볼 수 있으므로 검진을 받아보는 게 좋습니다.

구토

밥을 먹지 않았는데 위액을 토했거나, 밥을 먹고 토한 후 그 토사물을 다시 먹으려는 모습을 보면 걱정이 될 수밖에 없지요. 그러나 전체적으로 건강하고 배변 등 다른 모습이 평상시와 같다면 그리 걱정할 필요는 없습니다. 다른 징후는 없는지, 며칠 정도 지켜봐주면 됩니다. 그러나 전체적으로 기운이 없는 상태에서 구토가 지속되거나, 토사물 안에 보호자가 주지 않은 음식물이 섞여 있거나, 선혈이나 갈색의 액체(체내에서 시간이 지난 혈액일 가능성)를 토했을 때에는 병원 상담이 필요합니다.

설사	상한 음식을 먹었거나 너무 많이 먹었을 때도 설사를 합니다. 전체적으로 건강하고 활동적이라면 하루 정도 식사 제한을 하며 지켜봅니다. 식사 제한 후 회복된다면 문제가 없지만, 축 처져 있고 식욕이 없다면 진찰을 받아볼 필요가 있습니다. 설사에 피가 섞여있다면 반드시 병원에 데려가도록 합시다.

움직임이 이상하다	갑자기 다리를 절거나, 바닥을 딛지 못하는 다리가 있거나, 보통 때와 걷는 모습이 다르고 평소 늘 하던 행동을 하지 않거나 혹은 하지 못하는 등, 반려견의 움직임이 평상시와 다르다면 외상이나 통증은 없는지 손으로 만져 체크해봅시다. 외상이나 통증 외에도 관절 혹은 뼈에 이상이 생겼을 수 있기 때문에 이럴 경우 병원 검진이 필요합니다.

몸을 만지면
아파한다

몸을 만져도 평상시에는 아무 문제없던 개가 갑자기 보호자의 손길을 싫어하고 물려고 든다면 어딘가의 통증이나 불편함 때문일 수 있습니다. 일단 외상은 없는지부터 체크하고 식욕이나 배변 등 보통 때와 다른 부분은 없는지 관찰해 병원 검진 시 의사에게 그 내용을 전달합시다.

털과 피부의 변화

자주 몸을 긁는다, 피부가 빨갛게 변한다, 짓무른다, 부스럼이나 종기가 생긴다, 탈모 증상이 생긴다 등 반려견의 피부에서 이상 증상을 발견했다면 병원을 찾아 진료를 받아보는 게 좋습니다.

눈의 이상

평소보다 눈곱의 양이 많아졌다거나, 색깔이 달라졌다거나, 이상한 냄새가 난다면 눈에 염증이 생겼기 때문일 수도 있습니다. 눈 속 이물감 때문에 눈을 크게 뜨지 못할 수도 있고 순막(각막을 보호하는 얇고 투명한 막)의 탄력이 떨어져 있기도 합니다. 흰자위 부분이 충혈 되어 있는 등 안구 건강에서 신경 쓰이는 부분이 있다면 의사와 상담을 해보는 게 좋습니다.

비만

개에게도 비만으로 인한 문제가 발생합니다. 비만은 관절에 부담을 주고 심장 등 내장의 질병에도 큰 영향을 끼칩니다. 그저 잘 먹는다고, 모자를 것 같다고 사료나 간식을 너무 많이 주면 표준 체중 이상으로 살이 찌게 됩니다. 보호자가 기준을 세워 사료의 양을 확실히 관리하는 게 중요합니다. 내 반려견에게 적절한 사료량을 모른다면 가까운 병원을 찾아 상담을 해보는 것도 방법입니다.

기운이 없다

평소보다 기운이 있는지, 없는지, 반려견의 상태를 가장 잘 아는 사람은 반려견과 늘 함께하는 보호자입니다. 움직임이 둔해지고 활력이 떨어졌다는 것은 질병의 조기 발견과도 이어지는 중요한 포인트입니다. 이상 징후가 없는지 체크하고 그 상태가 길게 이어진다면 병원을 찾는 게 좋습니다.

신체 부위별 반려견의 상태를 살펴보자

질병을 조기에 발견하려면 반려견의 평소 상태를 파악하고 있어야 합니다. 개는 몸짓 언어로 몸의 불편함을 호소합니다. 평상시의 모습을 잘 관찰해두고, 신체 부위별로 체크해보도록 합시다.
이 리스트 이외에도 이상하다 싶은 증상이 있다면 병원을 찾아 진료를 받아보세요.

눈

☐ 눈을 비빈다.
☐ 흰자위 색깔이 노랗거나 빨갛다.
☐ 눈물이나 눈곱 양이 많아졌다.
☐ 그 외에 평상시와 다른 증상이 있다.

코

☐ 코가 말라있다.
☐ 콧물, 코피가 흐른다.
☐ 그 외에 평상시와 다른 증상이 있다.

입

☐ 구취가 난다.
☐ 출혈이 있다.
☐ 혓바닥 색깔이 하얗다.
☐ 그 외에 평상시와 다른 증상이 있다.

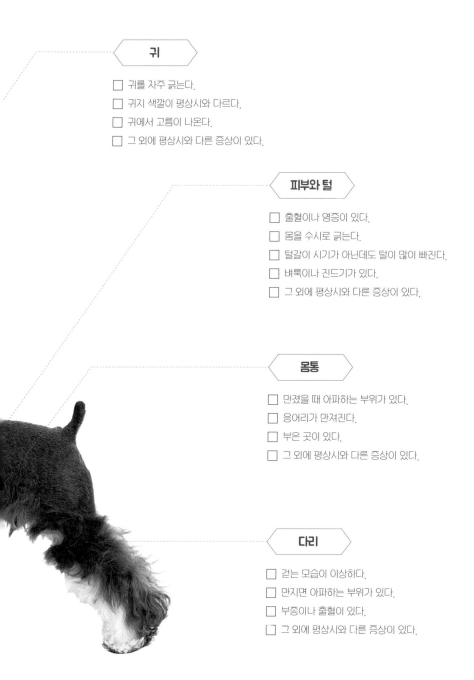

귀

- ☐ 귀를 자주 긁는다.
- ☐ 귀지 색깔이 평상시와 다르다.
- ☐ 귀에서 고름이 나온다.
- ☐ 그 외에 평상시와 다른 증상이 있다.

피부와 털

- ☐ 출혈이나 염증이 있다.
- ☐ 몸을 수시로 긁는다.
- ☐ 털갈이 시기가 아닌데도 털이 많이 빠진다.
- ☐ 벼룩이나 진드기가 있다.
- ☐ 그 외에 평상시와 다른 증상이 있다.

몸통

- ☐ 만졌을 때 아파하는 부위가 있다.
- ☐ 응어리가 만져진다.
- ☐ 부은 곳이 있다.
- ☐ 그 외에 평상시와 다른 증상이 있다.

다리

- ☐ 걷는 모습이 이상하다.
- ☐ 만지면 아파하는 부위가 있다.
- ☐ 부종이나 출혈이 있다.
- ☐ 그 외에 평상시와 다른 증상이 있다.

질병 예방을 위한 예방 접종

전염병에서 반려견을 지키는 예방 접종

전염병 중에는 생명을 앗아갈 수 있는 무서운 것들도 있습니다. 예방 접종을 하면 감염균이 침투해도 발병하지 않거나, 발병을 해도 가벼운 증상만으로도 병을 이겨낼 수가 있습니다.

의사에 따라 접종의 종류나 시기가 달라지기도 하기 때문에 단골 동물병원을 방문해 언제, 어떤 종류의 접종을 할 것인지 결정하는 게 좋습니다.

예방 접종을 하면 병원체에 대한 항체가 만들어집니다. 그러나 접종 후 시간이 지날수록 점점 그 효과가 떨어지므로 성견이 된 후에도 정기적인 접종은 필요합니다. 실내에서 생활한다고 전염병에 안전하다고 자신할 수는 없습니다. 방심은 금물입니다. 정기적인 예방 접종에 신경을 써주도록 합시다.

생명을 앗아갈 수 있는 무서운 질병

발병하면 생명을 앗아갈 수 있는 몇 가지의 질병에 대해 살펴봅시다. 발병 건수가 줄었다고는 하나 소형견을 중심으로 발병이 보고되고 있는 질병들입니다.

광견병의 경우, 생후 90일 이후 모든 개들에 대한 예방 접종이 의무 사항으로 권고되고 있습니다.

광견병

광견병은 인간에게도 전염되는 질병이기 때문에 생후 90일 이후의 모든 개들은 1년에 한번 씩 예방 접종을 해야 합니다. 최근 발병 사례는 없었지만 세계적으로는 다수의 발병 사례가 보고되고 있습니다. 광견병은 동물의 타액을 통해 감염됩니다. 뇌 신경에 문제를 일으키기 때문에 난폭하게 문다거나 날뛰는 증상을 일으킨 뒤, 결국은 죽게 됩니다.

디스템퍼
(강아지 홍역)

디스템퍼는 아직까지도 주기적인 발병 사례가 보고되는 질병입니다. 디스템퍼는 두 가지 경로로 전염됩니다. 감염된 개의 재채기에 의한 공기 감염과 간접적인 접촉으로 인한 피부 감염이 그 경로입니다. 고열이 나는 등 처음에는 감기와 비슷한 증상을 보이다가 수그러들기도 하는데 그렇다고 마냥 안심할 수는 없습니다. 구토나 설사, 운동 장애 같은 증상이 그 이후 드러나는 경우도 있기 때문입니다. 강아지 때 잘 걸리는 병으로, 증상이 심해지면 목숨을 잃을 수 있는 전염병입니다.

파보 바이러스   파보 바이러스는 그 증상에 따라 심한 구토와 설사를 동반한 장염형과 치사율이 높은 심근형으로 나뉩니다. 일단 걸렸다하면 증상이 급속하게 진행되는 무서운 질병으로, 감염된 개의 똥이나 구토물을 통해 감염되는 질병입니다. 특히 강아지 때 걸리기 쉬운 질병입니다.

심장사상충   심상사상충은 사상충이라는 기생충이 심장과 폐의 혈관 속에 기생하며 장애를 일으키는 질병입니다. 증상이 가볍다면 약간의 기침 정도에서 그치기도 하지만, 병이 진행되면 복수, 호흡곤란 등 무거운 증상과 함께 죽음에까지 이르게 되는 무서운 질병입니다.

심장사상충을 예방하기 위해서는 우선 모기에 물리지 않도록 주의하고, 모기의 활동 시기에는 반드시 예방약을 투여해야 합니다. 살고 있는 지역에 따라 투여 시기 등 세부적인 내용이 달라지므로 근처 병원을 찾아 의사와 상담해보도록 합시다.

발정·임신·출산

**6~8개월마다
찾아오는
암컷의 발정기**

1년에 한 번 혹은 두 번씩, 암컷에게는 발정기가 찾아옵니다. 발정기 후반에 배란을 하게 되는데, 수컷은 그 시기 특유의 암컷 냄새에 성적 흥분을 하게 되고, 그 결과 임신을 하게 됩니다. 반려견이 발정기를 맞았다면 수캐들을 너무 자극하지 않도록 신경 쓰는 게 좋습니다. 산책을 당분간 피한다거나 개가 별로 없는 시간대를 선택하는 등 이웃 개들에 대한 배려가 필요합니다. 발정기 중에는 일정 기간 출혈도 있기 때문에 반려견용 기저귀를 사용하는 것도 좋습니다.

중성화 수술의
장점과 단점

암컷의 경우, 나이가 들수록 유선이나 자궁, 난소 쪽 질병에 걸리기가 쉽습니다. 10살이 넘어가면 병에 걸릴 확률이 70퍼센트를 넘어선다고 합니다. 중성화 수술을 하면 이와 같은 질병을 방지할 수 있다는 장점이 있습니다. 또한 발정기에 느끼는 스트레스도 줄어듭니다. 수컷인 경우 중성화 수술을 하면 마킹 행위와 마운팅 행위가 줄어듭니다. 암컷의 발정기에 그리 큰 영향을 받지 않으므로 성적 스트레스가 경감된다는 장점도 있습니다.

그러나 물론 단점도 있습니다. 수술 후 체중이 급격하게 늘 수도 있고, 전신마취 수술을 해야 한다는 리스크도 있습니다. 암컷과 수컷 모두에게 해당되는 단점이지요. 중성화 수술을 결정하기 전, 의사와의 충분한 상담을 추천합니다. 수술의 장단점, 수술 시기 등 의사의 상세한 설명을 듣고 결정하는 것이 좋습니다.

기분 좋은 생활을 위한 데일리 홈케어

**데일리 홈케어로
건강까지 체크**

반려견과 다정한 감정을 나누며 데일리 홈케어를 해주도록 합시다. 이때 몸, 피부, 털, 눈, 귀, 입 언저리, 입 속 등 평소와 달라진 점은 없는지 살펴봐주면 반려견의 건강 상태까지 체크할 수 있습니다. 사람의 손길이나 빗질을 싫어하는 개가 되지 않도록, 강아지 때부터 이런 과정에 익숙해지게 만들어 주면 좋습니다. 데일리 케어인 만큼 매일 조금씩 계속해주는 것이 중요합니다.

빗질

빗질을 하면 털에 붙은 먼지와 오물을 털어낼 수 있습니다. 빗의 자극 덕분에 피부의 혈행이 좋아지는 효과도 있지요. 또한 빗질을 하며 전신을 체크할 수 있기 때문에 가능한 매일 해주기를 권장합니다.

견종에 따라 유달리 털이 잘 뭉치는 개들도 있습니다. 뭉친 털이 빗에 걸리면 아프기 때문에 빗질을 싫어하게 되는 경우도 있지요. 그런 면에서도 빗질은 매일 해주는 것이 좋습니다. 만약 털이 뭉쳤다면 촘촘하고 부드러운 빗으로 살살 풀어주면 됩니다. 빗질을 거부하지 않도록, 간식을 이용한 훈련을 통해 적응시켜 주는 과정이 필요합니다.

이 닦기

음식물 찌꺼기가 이빨에 달라붙으면 치석이 생기기 쉽습니다. 깜빡했다가 치주병이 되기도 하지요. 병이 심각해지면 이빨이 빠져버리는 경우까지 생깁니다. 개는 자기 입 속에 손가락이 들어오는 걸 싫

어하기 때문에 강아지 때부터 훈련을 통해 적응시켜주는 게 좋습니다. 간식을 쥔 손가락을 입 속으로 넣어주는 훈련을 했다면 이 닦기에도 금세 적응합니다. 칫솔에 적응시키고 싶다면 맛있는 것을 발라 입 속에 넣어주면 됩니다.

눈과 귀 케어

눈 주변은 늘 청결하게 관리해야 합니다. 눈곱이 꼈다면 바로바로 휴지나 젖은 수건으로 닦아주고, 눈물 자국이 신경 쓰인다면 전용 로션으로 닦아주면 좋아집니다.

귀가 늘어져 있는 견종은 그렇지 않은 견종에 비해 귓속을 보기가 어렵습니다. 수시로 귀를 들어 올려 꼼꼼하게 살펴줍시다. 귓속에 털이 나는 견종이라면 잡균 번식을 막기 위해 털을 깎아주는 게 좋습니다. 귀 청소를 직접할 수 없는 경우라면 동물병원이나 미용실의 도움을 받는 것도 좋습니다.

몸의 청결함을 위한 홈케어

산책을 다녀온 뒤

실내에서 생활하는 개라면 산책 후 반드시 몸에 묻은 더러움을 닦아줘야 합니다. 전용 물티슈나 젖은 수건으로 몸 구석구석을 닦아줍시다. 등 쪽은 물론, 걸으며 오염물이 튀기도 하는 복부, 냄새를 맡으며 더러움이 묻기 쉬운 얼굴, 앉아 쉴 때 혹은 배변할 때 더러워진 엉덩이 주변, 발끝과 발바닥 패드 사이도 꼼꼼하게 닦아주도록 합시다. 너무 더러워졌다면 샤워를 시키는 게 좋습니다.

목욕

며칠에 한 번씩 목욕을 시켜야 할지, 그 빈도를 딱 잘라 말하기는 어렵습니다. 견종이나 털의 길이, 생활 스타일에 따라 다 다르기 때문이지요. 너무 자주 씻기는 것도 좋지 않기 때문에 최소 2주 정도는 간격을 두는 게 좋습니다. 강아지 때부터 목욕에 적응시켜주는 게 좋고, 보호자가 자신이 없다면 미용실을 찾아 개가 목욕에 적응하기까지 도움을 받는 것도 좋습니다. 털 관리가 필요한 견종이라면 털이 그리 길지 않았더라도 한 달에 한 번 정도는 데려가 미용과 목욕에 적응시켜 주면 좋습니다. (치료를 위한 목욕일 경우 횟수에서 제외) 집에서 목욕을 시킬 경우, 샤워기의 수압과 온도, 바닥의 미끄러움을 주의하며 개가 편안하게 목욕을 마칠 수 있게 도와줍시다.

4장

반려견과 좀 더
좋은 관계 맺기

반려견과 좀 더
사이좋게 지내기 위한

Q & A

Q1

복종 훈련을 할 때 매번 간식을 주다 보면 버릇이 되지 않나요?

개에게 무언가를 가르칠 때, 개에게는 그 지시를 따르고 싶어질 만한 이유가 필요합니다. 처음에는 간식을 얻을 수 있다는 기쁨에 보호자의 지시를 따르지만 점차지시에 따르는 것 자체에서 기쁨을 느끼게 됩니다. 이렇게 되면 간식의 사용 여부는 선택하면 됩니다. 한편 평소에 아무 지시 없이 간식을 주기도 하는데, 이런 행동은 훈련 때의 효과를 떨어트릴 수 있으므로 멈추는 게 좋습니다. 간식을 달라는개의 요구에 간식을 주던 패턴도 바꿔야 합니다.

Q2

간식을 줬다면 하루의 식사량을 줄여야 하나요?

간식은 훈련 시간에만 주는 것이 기본입니다. 그런데도 꼭 먹이고 싶은 게 있다면적어도 '앉아'를 지시 후 그 지시에 따랐을 때 주는 게 좋습니다. 3시간에 한 번씩간식을 먹어야 한다는 사람도 있지만 개에게는 전혀 필요 없는 개념이지요. 만약훈련 시간에 간식을 많이 줬다면 사료의 양을 줄여줘야 합니다. 간식의 칼로리가개의 체중에 영향을 미치기 때문에 간식이 늘면 살이 금방 찌게 됩니다.

Q3

개는 매일 산책을 해야 하나요?

산책은 개에게 좋은 운동 수단입니다. 또 기분 전환도 되기 때문에 가능한 산책을 자주 나가는 게 좋습니다. 운동량이 많은 견종이라면 매일 산책을 나가줄 필요가 있습니다. 산책을 하지 못해 에너지가 남아돌면 과잉 행동이나 문제 행동을 일으키는 경우도 많기 때문이지요. 소형견의 경우, 가끔 산책을 빼먹어도 그리 큰 문제는 아닙니다. 하지만 바깥의 냄새, 소리, 움직이는 것들이 주는 좋은 자극이 반려견에게 긍정적인 영향을 주므로 최대한 자주 나가주는 게 좋습니다.

Q4

산책 시간(혹은 거리)은 어느 정도를 기준으로 하면 좋을까요?

견종이나 연령, 그 개의 기질, 체력에 따라 다 다릅니다. 운동량이 많이 필요한 견종이라면 하루에 두 번, 매번 30~60분 정도가 적당합니다. 그 정도까지 운동량이 필요하지 않은 소형견이라면 하루 한 번, 15~30분 정도가 일반적입니다. 그러나 억지로 이 가이드에 따르기 보다는 반려견의 상태를 잘 관찰한 후 보호자  와 반려견이 기분 좋게 산책을 마칠 수 있는 거리와 시간, 코스를 찾아보는 게 좋습니다.

Q5

문제 행동을 했을 때 큰소리로 혼을 낼 때가 있습니다. 그러면 무척이나 슬픈 표정을 한 채 기가 죽어 있고는 합니다. 자기가 한 일이 나쁜 일이라는 걸 알아서 그런 걸까요?

개에게는 사람과 동일한 수준의 복잡한 감정이 존재하지 않습니다. 개를 너무 의인화하다 보면 오히려 그들의 본 모습을 제대로 받아들이지 못하게 됩니다. 반려견을 소중히 여기는 마음이 과잉으로 흐르면서 반려견의 진짜 속마음을 오해하게 됩니다. 주의해야 할 지점이지요.

질문자의 경우, 반려견이 겁을 먹고 있는 모습을 '슬퍼 보인다'고 오해했을 수도 있습니다. 자기가 한 문제 행동에 대해 이해해서가 아니라, 화를 내는 보호자의 모습을 회피하고자 하는 몸짓 언어였을 가능성이 훨씬 더 큽니다.

Q6

소리 나는 깡통 만드는 법을 가르쳐주세요.

집에 있는 깡통에 동전(큰 소리가 나야하므로 100원, 500원짜리 동전으로)을 10개 정도 넣은 후 깡통 뚜껑이 열리지 않도록 테이프로 고정하면 됩니다.

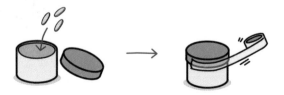

Q7

개가 짖음을 멈출 때까지 깡통을 계속 흔들어야 할까요?

깡통 사용법의 포인트는 간단합니다. 개가 짖을 때 개의 눈을 보고 "안 돼."라는 키워드를 말해줍니다. 그리고 한 박자 쉰 후 깡통을 한 번 흔들어주면 됩니다. 이렇게 하는 이유는 '안 돼'라는 키워드만으로 개의 문제 행동을 멈추게 하기 위해서입니다. 멈추지 않고 계속 짖는다면 다시 한 번 '안 돼'라고 말한 뒤 깡통을 한 번 흔들어줍니다. 소리 나는 깡통은 어디까지나 '문제 행동을 하면 듣기 싫은 소리가 난다'는 것을 학습시킬 목적으로만 써야 합니다.

주의!
개의 기질이나 보호자와의 관계에 따라, 이 훈육 방식을 쓰지 못하는 경우도 있습니다. 반려견을 잘 관찰해 주의 깊게 접근하는 게 좋습니다. 마음에 걸리는 부분이 있다면 반려견 훈련사 등 전문가에게 상담을 받아보도록 합시다.

Q8

꼬리의 위치로 대략적인 기분을 알 수 있나요?

기본적으로는 a처럼 꼬리가 위를 향하고 있다면 기분이 좋다는 사인, b처럼 자연스레 아래를 향하고 있다면 편안하다는 사인, c처럼 뒷다리 사이에 말아 넣고 있다면 무섭다는 사인입니다. 그러나 긴장하거나 흥분해도 꼬리를 세우는 경우가 있기 때문에 귀나 입 주변의 표정까지 보면서 전체적으로 판단해야 합니다.

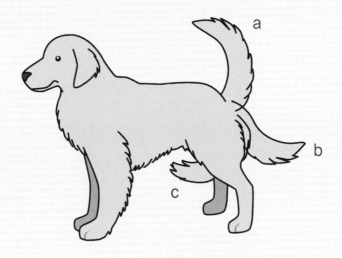

Q9

반려견 훈련소에 다니면 어떤 장점과 단점이 있을까요?

가능하다면 반려견 훈련소는 보호자와 개가 함께 다니는 것이 좋습니다. 훈련사의 말은 잘 따르지만 보호자의 말은 따르지 않는 상황을 미연에 방지할 수 있기 때문입니다.

다른 개, 여러 보호자와 함께 그룹으로 훈련하는 경우, 자연스레 사회화 훈련이 가능하다는 점, 집 밖에서 보호자와의 신뢰를 다질 수 있다는 면에서 반려견 훈련소의 장점이 있습니다. 반면에 단점은 집에서의 문제 행동을 교정하기가 어렵고, 성견에다가 겁이 많고 사회화가 부족한 개일 경우 훈련소 환경에 적응하기까지 스트레스를 받을 수 있다는 점입니다.

Q10

집에서 개인적으로 행동 교정 훈련을 받아야 하는 경우가 있다면 어떤 경우인가요?

초인종 소리에 짖는다, 손님에게 달려든다, 문다, 배변 실수나 마킹을 한다 등 집에서의 문제 행동으로 힘들어 하는 경우라면 집에서 교정 훈련을 하는 것이 제일 효과적입니다. 또한 반려견이 성견이고 사람이나 개와의 사회화가 부족한 경우에도 집이라는 편안한 환경 속에서 교정 훈련을 받게 하는 것이 더 좋습니다. 실내 훈련을 할 경우, 환경이 바뀌면 개의 행동이 달라질 수 있기 때문에 가능한 보통의 상황을 유지해, 개의 평상시 행동을 관찰할 수 있게 해주는 게 좋습니다.

Q11

개의 표정만 봐도 위험의 여부를 알 수 있나요?

눈, 귀, 입의 상태로 어느 정도 판단 가능합니다. 상대를 공격할 가능성에 대해서는 몸 전체의 움직임을 보면 더 정확히 알 수 있습니다. 오른쪽 페이지의 일러스트는 공포와 공격성의 레벨을 그래프로 표현한 것입니다. 귀를 더 많이 젖힐수록(왼쪽에서 오른쪽 방향) 공포의 강도가 높아지고 이빨을 더 많이 드러낼수록(위에서 아래쪽으로) 공격성의 레벨이 더 높아집니다. a 표정이라면 상황과 상대에 따라 달려들 가능성이 있다고 볼 수 있습니다. b 표정이라면 조금만 선을 넘어도 곧바로 공격할 수 있기 때문에 상당히 위험하지요. 이럴 경우 눈은 대부분 상대를 강하게 주시하고, 흥분 레벨이 올라갈수록 목덜미 털을 더 빳빳하게 세웁니다.

반려견의 공포와 공격성 레벨

〈폭스 박사의 슈퍼 독 키우기–개의 심리학〉, 마이클 폭스 저

INDEX

참고문헌

- 〈개와 고양이의 행동학〉 우치다 가코, 기쿠스이 다케시 저, 가쿠소사
- 〈개의 마음이 이해되는 책〉 마이클 폭스 저, 아사히신문사
- 〈개의 마음〉 브루스 포글 저, 아사카쇼보
- 〈강아지 훈련, 퍼펙트 매뉴얼〉 오타 미쯔아키, 오타니 노부요 저, 치쿠산출판사
- 〈폭스 박사의 슈퍼 독 키우기-개의 심리학〉 마이클 폭스 저, 하쿠요샤
- 〈그럼에도 우리는 고기를 먹는다-인간과 동물의 기묘한 관계〉 해럴드 헤르조그 저, 가시와쇼보
- 〈카밍 시그널-세상에서 가장 아름다운 반려견의 몸짓 언어〉 투리드 루가스 저, 헤다

일본어판 감수 고바야시 도요카즈
수의사, 수의학 박사, 그라스 동물병원 원장, 테이쿄과학대학 교수.

일러스트 치즈루

촬영 하야시 타카히사, 스즈키 에미코

반려견의
진짜 속마음

1판 1쇄 발행 2019년 9월 30일
1판 5쇄 발행 2022년 12월 22일

지은이 나카니시 노리코
한국어판 감수 태주호
옮긴이 정영희

발행인 양원석
책임편집 차선화
영업마케팅 윤우성, 박소정, 이현주, 정다은, 백승원
펴낸 곳 ㈜알에이치코리아
주소 서울시 금천구 가산디지털2로 53, 20층 (가산동, 한라시그마밸리)
편집문의 02-6443-8861　　**도서문의** 02-6443-8800
홈페이지 http://rhk.co.kr
등록 2004년 1월 15일 제2-3726호

ISBN 978-89-255-6781-5 (13490)